Der Sternenhimmel

Ein Praxisbuch für Einsteiger

Harry Ford

Aus dem Englischen von Anne Emmert

Arena

EIN DORLING KINDERSLEY BUCH

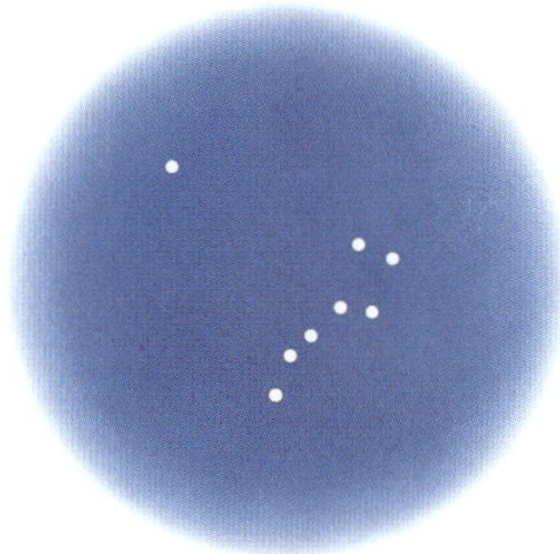

Projektleitung Cynthia O'Neill
Designer Morris and Janet Allis
Designassistenz Maggie Tingle
Photos Andy Crawford
Bildrecherche Sam Ruston
Herstellung Lisa Moss
DTP und Satz Nicky Studdart
Lektoratsleitung Gillian Denton
Grafische Leitung Julia Harris

Originaltitel: The Young Astronomer

Jetzt auch im Internet: http://www.dk.com

In neuer Rechtschreibung

1. Auflage 2000

Aus dem Englischen von Anne Emmert
Gedruckt in Italien
ISBN 3-401-05056-7

Inhalt

8
Was ist Astronomie?

10
Erste Schritte

12
Der erste Blick in den Himmel

14
Unser Sonnensystem

16
Die Planeten

18
Der Mond

20
Mondfinsternis

22
Die Sonne

24
Die Erde und der Weltraum

26
Die nördliche Hemisphäre

28
Die südliche Hemisphäre

30
Sternenhell

32
Kometen und Meteore

34
Galaxien

36
So geht's weiter

37
Register

Was ist Astronomie?

Harrys Heimobservatorium
Die meisten Profi-Astronomen haben bereits in den Nachthimmel geschaut, lange bevor sie ihre Arbeit an einem Observatorium aufnahmen. Ich war zehn Jahre alt, als ich anfing, die Sterne zu beobachten! Wie die meisten bin ich Astronom aus Leidenschaft und habe ein einfaches Fernrohr zu Hause, mit dem ich die Sterne vom Garten aus beobachten kann.

Du denkst vielleicht, dass die meisten Leute, die Sterne beobachten, an einer Universität studiert haben und dann in einem großen Observatorium arbeiten. Falsch! Auch ganz normale Leute machen bei der Beobachtung des Himmels verblüffende Entdeckungen. Sie sehen womöglich einen Stern explodieren, während die Astronomen der Observatorien gerade ganz woanders forschen. Aber auch ohne bahnbrechende Entdeckungen ist es wunderbar und spannend, den Himmel zu beobachten. Probiere es einmal! Lerne die Sterne und Planeten kennen, und wirf einen Blick in den Himmel!

Kleine Geschichte der Astronomie

Die Astronomie, also die Sternkunde, ist die älteste aller Wissenschaften. Für die Kulturen des Altertums war sie lebenswichtig. Die Menschen beobachteten Sonne, Mond und Sterne, um Uhrzeit und Datum zu bestimmen und sich auf dem Meer zurechtzufinden. Die Astronomen überwanden immer neue Grenzen des Wissens. Bis ins 15. Jahrhundert hinein glaubten die Menschen, die Erde sei der Mittelpunkt des Weltalls. Erst sehr mutige Astronomen überwanden diese Sicht, nach welcher der Mensch das Maß aller Dinge war. Im Lauf der Jahrhunderte wurden die technischen Hilfsmittel besser und unser Wissen umfassender. Heute wissen die Astronomen, woraus die Sterne bestehen, und sie können die Größe und das Alter des Weltalls berechnen.

Nach dem ptolemäischen Weltbild wandern die Sterne um die Erde.

Ptolemäus
Fast 1 500 Jahre lang gründete die Astronomie auf dem Handbuch *Almagest* des griechischen Naturforschers Ptolemäus. Ptolemäus hatte darin die Arbeiten aller großen Astronomen seiner Zeit gesammelt und erklärt. Dem *Almagest* zufolge ist die Erde der Mittelpunkt des Weltalls. Man bezeichnet diese Vorstellung auch als ptolemäisches oder geozentrisches Weltbild.

Die arabische Astronomie
Nach dem Ende des römischen Weltreichs bewahrten islamische Astronomen das Wissen über die Sterne bis ins Mittelalter hinein. Der persische Astronom As-Sufi (903–986) beschrieb in seinem *Buch der Fixsterne* die Position von mehr als 1000 Sternen.

Frühe Stiche zeigen, wie Kopernikus das Weltall sah.

Die Erde auf ihrer Umlaufbahn um die Sonne.

Tierkreiszeichen

Kopernikus
Der Astronom Nikolaus Kopernikus (1473-1543) rückte die Erde aus dem Zentrum der Welt. Diesen Platz nimmt laut Kopernikus die Sonne ein, die von der Erde und den anderen Planeten umkreist wird (kopernikanisches oder heliozentrisches Weltbild). Die Kirche betrachtete diese Sicht als gefährlich und revolutionär.

Galileo Galilei
Im 17. Jahrhundert entdeckte der italienische Astronom Galileo Galilei (1564–1642) mit seinem eigens entwickelten Fernrohr die Phasen der Venus, die vier größten Jupitermonde und die Berge des Mondes.

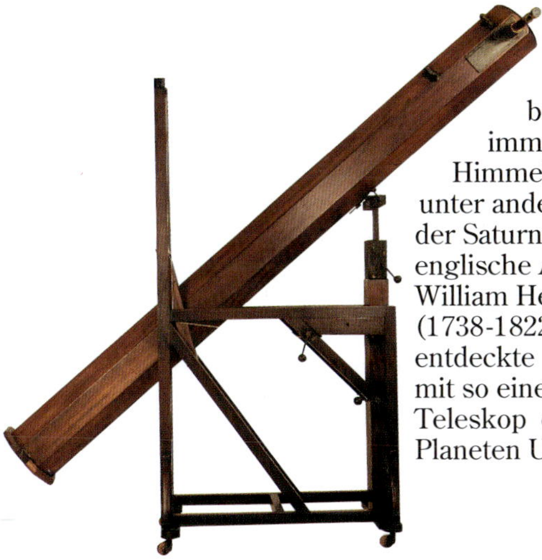

Fernrohre

Die Fernrohre wurden besser und besser. So konnte man immer weiter entfernte Himmelskörper sehen, unter anderem die Teilungen der Saturnringe. Der englische Astronom William Herschel (1738-1822) entdeckte 1781 mit so einem Teleskop den Planeten Uranus.

Diese Teilung des Saturnrings wird nach dem Astronomen, der sie im Jahr 1675 entdeckte, als Cassinische Teilung bezeichnet.

Radioteleskope

Manche Teleskope fangen nicht Lichtwellen, sondern Radiofrequenzstrahlung von Körpern aus dem Weltraum auf und verwandeln sie in Informationen.

Raumsonden

Seit dem 20. Jahrhundert entsendet man Raumsonden, also computergesteuerte Roboter, zu Monden und Planeten. Diese der Erde übermittelten Informationen bereichern die Astronomie.

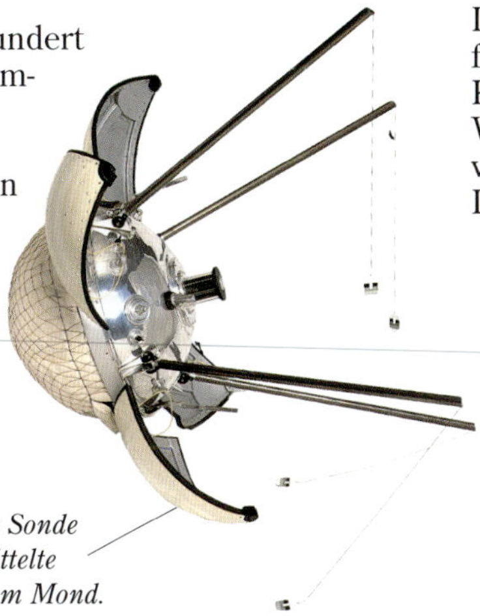

Die sowjetische Sonde Luna 9 übermittelte 1966 Bilder vom Mond.

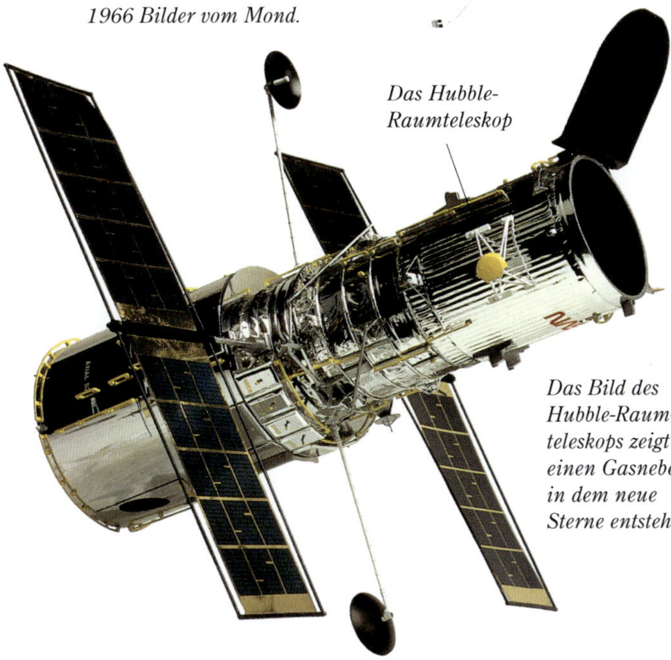

Das Hubble-Raumteleskop

Das Bild des Hubble-Raumteleskops zeigt einen Gasnebel, in dem neue Sterne entstehen.

Moderne Astronomie

Heute ist die Astronomie aufregender denn je. Die phantastischen Bilder, die das Hubble-Raumteleskop lieferte, ermutigen uns, die entferntesten Regionen des Weltraums zu erkunden. Die Astronomen verfügen über eine Technik, mit der sie ferne Galaxien, schwarze Löcher und sogar den Beginn des Weltraums erforschen können.

Erste Schritte

Wenn du lernen willst, dich am Nachthimmel zurechtzufinden, brauchst du Begeisterung, Neugier und die Geduld, Nacht für Nacht die Sterne zu beobachten. Viel aufregender wird die Sache, wenn du auch weißt, wonach und wo du eigentlich suchen musst. Dabei hilft dir dieses Buch. Mit ein bisschen Übung wirst du sogar mit bloßem Auge viele kleine Dinge erkennen können. Mit einem Fernglas siehst du noch etwas mehr. Ganz am Anfang brauchst du aber noch kein Fernrohr.

Die richtige Kleidung hält dich in der Nacht warm.

Den Kompass und die Sternkarten hast du immer zur Hand.

DENK DRAN!
Gehe bei Nacht nicht allein raus! Beobachte die Sterne stets in Begleitung eines Erwachsenen!

Wetterbedingungen

Am besten lassen sich die Sterne in einer klaren, mondfreien Nacht außerhalb der Stadt beobachten. Denn die Lichter erhellen den Himmel und lassen viele Sterne verschwinden. Ideal ist ein Hügel auf dem Land, doch den Mond und die wichtigsten Sterne kannst du natürlich auch in der Stadt sehen.

Nützliches für draußen

Für die Beobachtung des Nachthimmels und die Aufzeichnungen darüber, was du siehst, brauchst du eine Sternkarte, einen Kompass, eine Uhr, ein Notizbuch und eine Taschenlampe.

Warme Getränke

Nimm dir etwas Warmes zu trinken oder eine Suppe mit, damit du dich aufwärmen kannst.

Befestige das Zellophanpapier mit einem Gummiband.

Taschenlampe

Deine Augen brauchen etwa eine halbe Stunde, bis sie sich an die Dunkelheit gewöhnt haben und du auch schwächer scheinende Sterne erkennen kannst. Wenn du dir die Sternkarte ansehen oder Notizen machen willst, deckst du vorher deine Taschenlampe mit rotem Zellophanpapier ab. So müssen sich deine Augen nicht immer aufs Neue an die Dunkelheit gewöhnen.

Kompass
Der Kompass zeigt dir an, wo Norden ist. So weißt du immer, in welche Richtung du gerade siehst. Das ist zum Beispiel wichtig, wenn du eine der Sternkarten ab Seite 26 richtig lesen willst. Einen Kompass bekommst du im Laden für Campingzubehör.

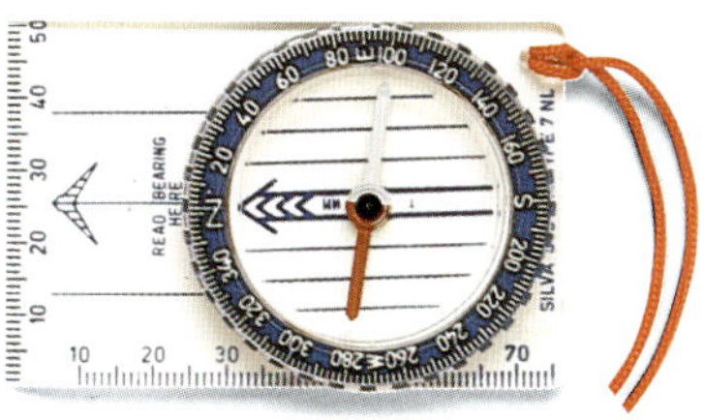

So funktioniert der Kompass
Die Erde gleicht einem gigantischen Magneten mit einem magnetischen Feld und Polen. Die magnetische Kompassnadel richtet sich nach den Polen der Erde aus: Der Südpol der Nadel wird vom Nordpol der Erde angezogen und zeigt daher immer nach Norden.

Notizen

- Notiere genau, was du siehst. Es mag dir überflüssig erscheinen, Sternbilder festzuhalten, die seit Jahrhunderten bekannt sind. Du findest sie so aber leichter wieder.
- Niemand weiß auf Anhieb, ob eine Beobachtung bedeutungsvoll ist oder nicht. Bei Sternschnuppen zum Beispiel brauchen die Wissenschaftler alle Einzelheiten: Helligkeit, Geschwindigkeit, Richtung. Hier können die Beobachtungen eines Hobby-Astronomen sehr hilfreich sein.

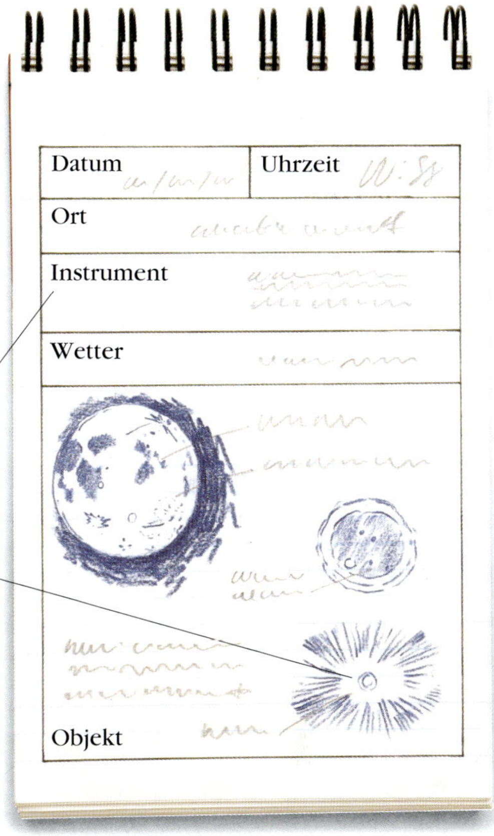

Notiere dir, ob du ein Fernglas oder ein Fernrohr verwendet hast.

Zeichnungen können sehr nützlich sein.

SCHREIB'S AUF!
Notiere jede Einzelheit, die dir auffällt. Besonders wichtig sind Datum und Uhrzeit. Mach dir nichts daraus, wenn deine Notizen unsauber sind. Hauptsache, du kannst sie später lesen.

Himmelskörper auseinander halten
Wenn du herausfinden willst, ob ein Lichtpunkt am Himmel ein Stern, ein Planet oder eine Raumstation ist, notierst du dir, wie schnell er sich bewegt. Sterne wandern auf Grund der Erdumdrehung Nacht für Nacht, verändern aber nicht ihre Stellung zueinander. Eine Sternschnuppe sieht aus wie ein Lichtstreif; bei einem Lichtpunkt, der sich langsam bewegt, kann es sich um eine Raumstation oder einen künstlichen Satelliten handeln. Ein heller Punkt, der auf der Sternkarte fehlt, könnte ein Planet sein.

Das Wort »Planet« kommt aus dem Griechischen und bedeutet »Wanderer«.

Auf diesen Fotos, die im Abstand weniger Wochen aufgenommen wurden, sind die Planeten Saturn und Jupiter im Vergleich zu einem benachbarten Stern »gewandert«.

Modelle

Die meisten Materialien, die du für die Versuche in diesem Buch brauchst, habt ihr sicher zu Hause. Denke dran, zu fragen, wenn du sie dir ausleihen willst. Manches bekommst du im Bastelladen, im Modellbaugeschäft oder beim Schreibwarenhändler.

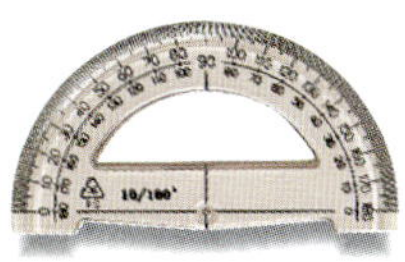
Winkelmesser

kleine Glühlampen

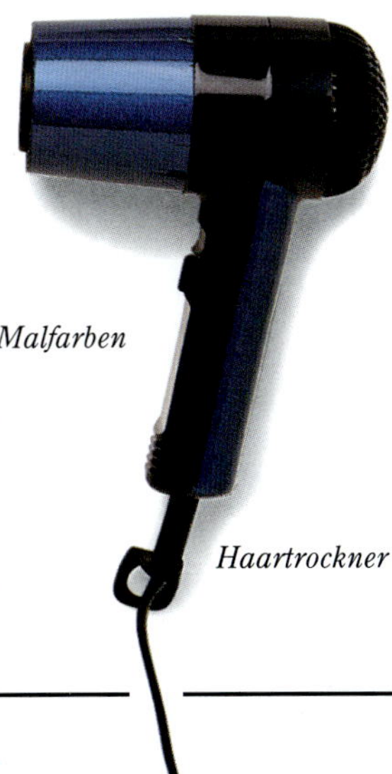
Haartrockner

Buntpapier

verschieden große Kugeln

Malfarben

Batterie

Draht

Zirkel

Die ersten Fernrohre
Im 17. Jahrhundert gab es die ersten Fernrohre. Der Italiener Galileo Galilei hielt 1609 als Erster seine Beobachtungen fest.

Der erste Blick in den Himmel

Mit dem bloßen Auge erkennst du am Nachthimmel tausende von Sternen. Mit einem Fernglas oder Fernrohr aber kann ein Astronom schwächere Sterne ausmachen, die Mondkrater untersuchen oder erkennen, dass ein Planet aussieht wie eine flache Scheibe. Das Fernrohr vergrößert Einzelheiten, die dem bloßen Auge verborgen bleiben. Ehe die Menschen selbst ins Weltall aufbrachen, machten die Astronomen ihre Entdeckungen mit Hilfe immer besserer Fernrohre.

Bau eines Teleskops

Ein Teleskop sammelt und bündelt mit Hilfe von Linsen und Spiegeln das Licht. Dadurch rücken weit entfernte Objekte näher heran. Die folgende Anleitung hilft dir beim Bau eines eigenen Fernrohrs.

Du brauchst:

- zwei Linsen (siehe unten)
- Sandpapier
- Kunststoffrohr 1 m x 5 cm
- Verbindungsstück 5 cm
- Reduzierstück 3,5 cm
- Klebstoff
- schwarzen Bastelkarton
- Zirkel • Lineal
- Klebefolie oder Sprühlack

Nützliche Hinweise

Linsen kaufst du beim Optiker oder bestellst sie bei einem Versand für Lehrmaterialien.

- Mit der Okularlinse stellst du mit dem Abstand zwischen Linse und Auge das Bild scharf. Wir haben eine Brennweite von 50 mm und einen Durchmesser von 35 mm verwendet.
- Mit Hilfe der Objektivlinse gelangt das Bild durch die Teleskopröhre. Unsere Linse hat eine Brennweite von 1000 mm und einen Durchmesser von 50 mm.

1 Bitte einen Erwachsenen, ein Kunststoffrohr auf 1 m abzusägen. Das ist die Brennweite der Objektivlinse. Schmirgle die Schnittkante mit Sandpapier ab.

2 Entferne die Deckringe des Verbindungsstücks und des Reduzierstücks und nimm die Gummiringe heraus. Lass dir eventuell dabei helfen.

3 Zeichne auf Bastelkarton einen Kreis mit einem Durchmesser von 3,5 cm und schneide ihn aus.

4 Schneide nun einen kleinen Kreis aus. Das ist der Sucher. Schiebe ihn in den Deckring des Reduzierstücks.

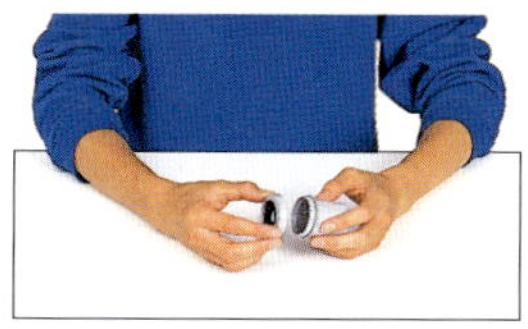

5 Stecke den Deckring mit dem Sucher wieder auf das Reduzierstück.

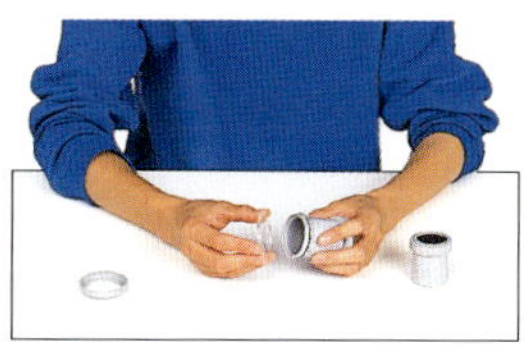

6 Die Linse kommt in das Unterteil des Verbindungsrohrs. Befestige sie mit Klebstoff.

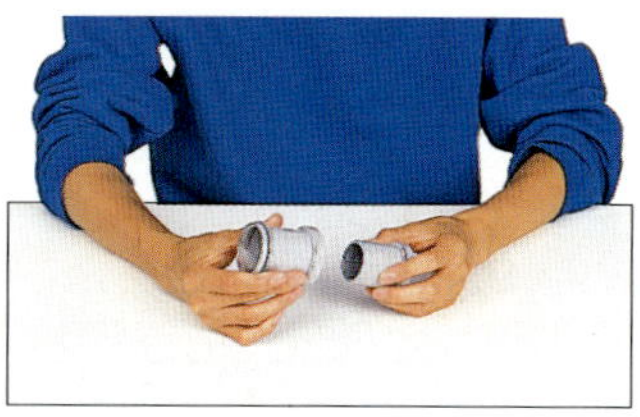

7 Schiebe das Reduzierrohr in das Verbindungsstück. Es muss gleiten können. Das ist das Okular.

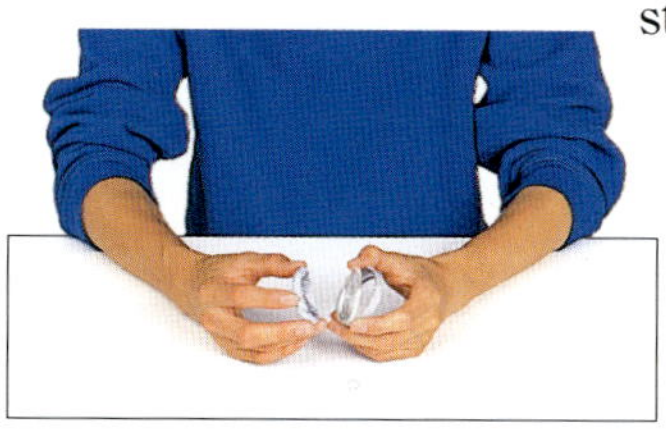

8 Die Objektivlinse kommt in das Oberteil des Verbindungsstücks. Befestige sie mit Klebstoff.

9 Klebe das Oberteil des Verbindungsstücks mit der Linse oben an das Teleskoprohr. Das Okular schiebst du in das andere Röhrenende.

TELESKOPE
Es gibt verschiedene Teleskoparten. Spiegelteleskope sammeln das Licht mit Hilfe von Linsen und gekrümmten Spiegeln. Einfache Linsenfernrohre haben nur Linsen. Beide Arten eignen sich für Hobby-Astronomen.

Kaufhilfe

Es ist empfehlenswert, den Nachthimmel zunächst mit einem guten Fernglas zu beobachten. Ferngläser sind handlich und qualitativ besser als Fernrohre der gleichen Preisklasse. Mit dem Fernglas siehst du etwa zehnmal mehr als mit dem bloßen Auge. Ein gutes Teleskop bietet ein noch weiter vergrößertes Bild. Warte jedoch damit, bis du dich am Nachthimmel gut auskennst! Es kann verwirrend sein, zu viel auf einmal zu sehen.

Fernglas

Ein Fernglas besteht aus zwei zusammengesetzten Fernrohren. Dadurch hat es einen großen Gesichtskreis und man kann weite Sternenfelder damit beobachten. Auf dem Fernrohr befinden sich Zahlen, z. B. 7 x 50. Die erste besagt, wie viel näher das Objekt heranrückt. Die zweite bezeichnet den Durchmesser der Objektivlinse in Millimetern.

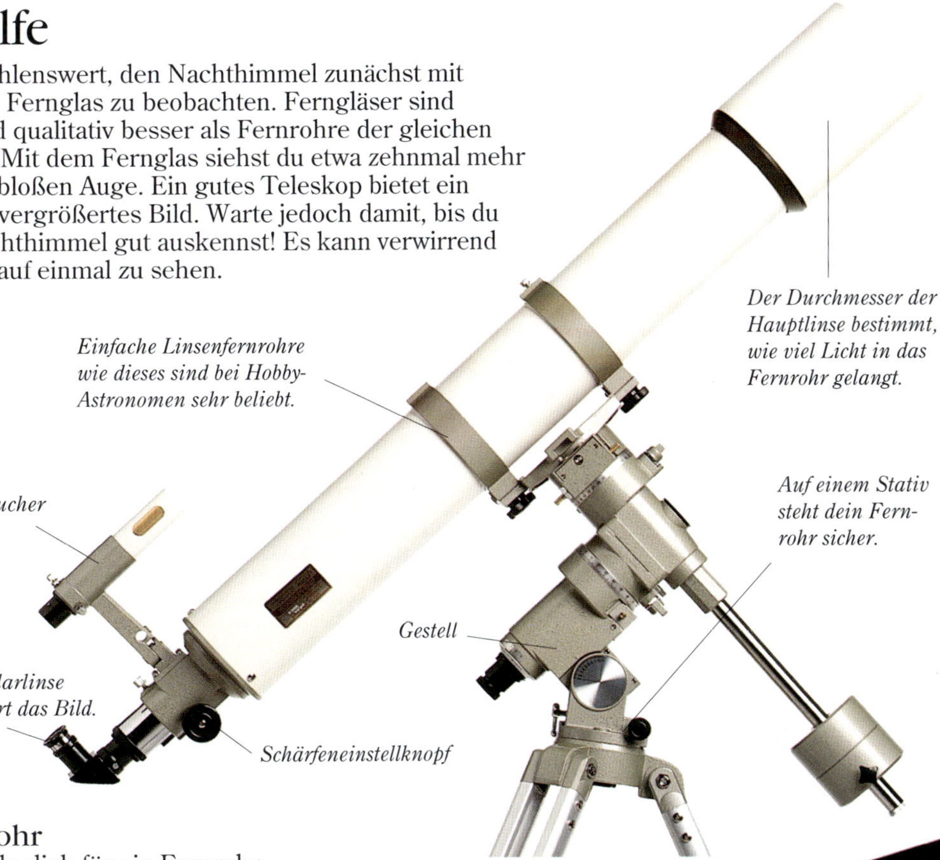

Fernrohr

Wenn du dich für ein Fernrohr entscheidest, überlege dir gut, für welche Zwecke du es brauchst. Je nach Anwendung brauchst du ein anderes Fernrohr. Auch die Kosten und die Größe sollten gut bedacht sein. Sieh dich vor dem Kauf gut auf dem Markt um.

10 Beklebe dein Fernrohr mit schwarzer Klebefolie oder besprühe es mit Sprühlack. Übe mit diesem kleinen Fernrohr, ehe du dir ein größeres anschaffst.

Das siehst du

Mit dem bloßen Auge siehst du vielleicht strahlenförmige Krater.

Mit bloßem Auge . . .
. . . erkennst du die dunklen »Meere« (Ebenen) des Mondes.

Mit dem Fernglas . . .
. . . kannst du die meisten der größeren Mondkrater erkennen, insbesondere diejenigen an der Schattengrenze zwischen beleuchteten und dunklen Bereichen. Auch die Bergketten sind zu sehen.

Mit dem Fernrohr . . .
. . . siehst du die Oberfläche der Krater und die Schatten auf den Bergketten. Vielleicht erkennst du auch die Farbvariationen der Meere. Hobby-Astronomen, die über lange Zeiträume kleinste Veränderungen notieren, können Wichtiges zur Erforschung des Mondes beitragen.

Unser Sonnensystem

Planetarium
Diese Vorrichtung aus dem 19. Jahrhundert zeigt, wie die Planeten um die Sonne wandern.

Die engsten Nachbarn der Erde sind die Planeten, Monde, Kometen und Gesteinsbrocken, die unseren Stern, die Sonne, umkreisen. Alle zusammen gehören zum Sonnensystem. Es entstand vor rund 4,6 Milliarden Jahren aus einer rotierenden Scheibe aus Gas und Staub – zuerst die Sonne, dann, aus dem restlichen Material, die Planeten und die anderen Himmelskörper. Es gibt zwei Arten von Planeten: die sonnennahen, felsigen Planeten Merkur, Venus, Erde und Mars, und die gasförmigen Riesenplaneten Jupiter, Saturn, Uranus und Neptun. Nur der kleinste, aus Eis bestehende Planet Pluto passt in keine der beiden Gruppen. Einige Astronomen vermuten, dass er ein Mond des Jupiters ist, der sich selbstständig gemacht hat. Pluto ist so weit entfernt, dass wir nur wenig über ihn wissen.

Modell des Sonnensystems

Am Anfang waren die gasförmigen Riesenplaneten nur ein wenig größer als die inneren, felsigen Planeten. Dadurch hatten sie aber eine stärkere Anziehungskraft. Sie zogen zusätzlich Gase von der Sonne an sich und wurden nach und nach viel größer als die erdartigen Planeten. Die folgenden Schritte zeigen dir, wie du ein Modell des Sonnensystems bauen kannst.

Du brauchst:
- Luftballon
- Zeitungsschnipsel
- Kleistermasse aus Mehl und Wasser
- Watte • Zahnstocher
- rotes und gelbes Seidenpapier
- mit Alufolie ausgelegte flache Schale
- Wasserzerstäuber
- wasserlöslichen Klebstoff
- verschieden große Kugeln oder Knetmasse
- Bastelpapier • Zirkel
- Wasserfarben und Pinsel
- Unterlage aus Bastelkarton

Du kannst die Planeten auch aus Knetmasse selbst formen.

6 Sieh dir die Größentabelle auf Seite 15 an. Kaufe entsprechend große Kugeln oder forme welche aus Knetmasse.

7 Male die Planeten mit Wasserfarben an. Orientiere dich dabei an dem unten gezeigten Modell.

Kleinere Himmelskörper

Neben den Planeten gibt es im Sonnensystem noch kleinere Objekte, darunter über 60 Satelliten (Monde), zahllose Kometen und hunderttausende von Asteroiden.

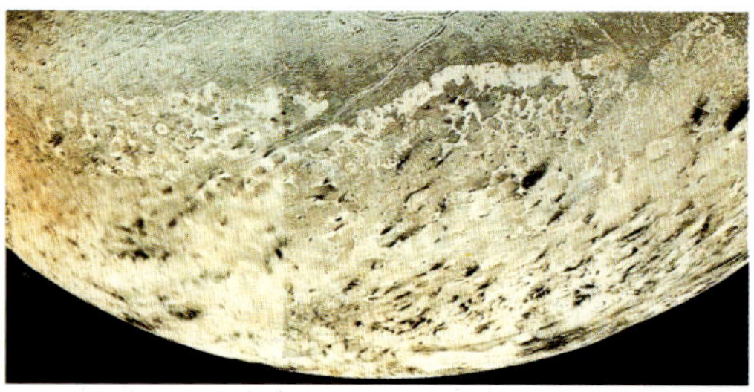

Satelliten
Bis auf Merkur und Venus haben alle Planeten Satelliten. Saturn hat mit 18 die meisten. Durch das Fernglas oder Fernrohr siehst du die vier größten Monde des Jupiters, mit einem großen Teleskop auch die Monde des Saturns.

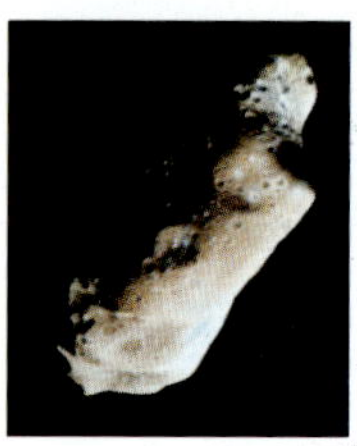

Asteroid
Zwischen Mars und Jupiter und jenseits des Pluto gibt es Asteroidengürtel. Asteroiden sind schwer zu erkennen, mit dem Fernrohr siehst du aber vielleicht einige der hellsten.

Unser Sonnensystem: Fakten

- Die Sonne hat mehr Masse als alle restlichen Körper des Sonnensystems zusammen. Dadurch reicht ihre Anziehungskraft aus, die Planeten auf ihrer Umlaufbahn zu halten.
- Die Riesenplaneten bestehen vorwiegend aus schnell kreisendem Wasserstoff sowie Ammoniak und Methan.
- Der Mars ist der Erde am ähnlichsten. Soweit wir wissen, hat sich dort jedoch kein Leben entwickelt.

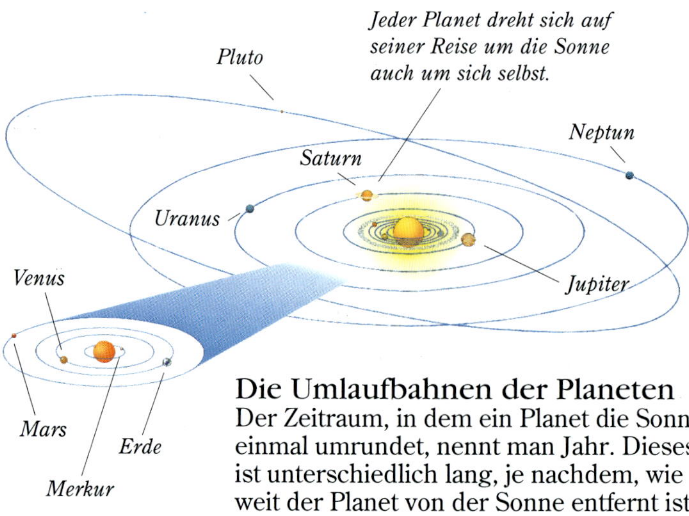

Die Umlaufbahnen der Planeten
Der Zeitraum, in dem ein Planet die Sonne einmal umrundet, nennt man Jahr. Dieses ist unterschiedlich lang, je nachdem, wie weit der Planet von der Sonne entfernt ist. Pluto zum Beispiel braucht für eine Umrundung 248,6 Erdenjahre.

1 Blase einen Luftballon fußballgroß auf. Das wird die Sonne.

2 Beklebe den Ballon mit mehreren Schichten Zeitung. Lass ihn trocknen und male ihn gelb an.

3 Lege Watte auf das angefeuchtete rote und gelbe Seidenpapier. Die Farbe geht auf die Watte über.

4 Klebe die Watte mit Klebstoff auf die Sonnenkugel. Dadurch erscheint die Sonne plastischer.

5 Gib feine rote Farbkleckse auf die fertige Sonne. Lege vorher die Unterlage mit Zeitung aus.

8 Stelle aus Karton die Ringe für die Riesenplaneten her. Der kleinere muss in den größeren hineinpassen.

9 Bemale die Ringe und schneide sie aus. Befestige sie mit Zahnstochern an den Planeten.

10 Richte die Ringe so aus, wie du es unten auf dem Modell siehst.

11 Befestige die Planeten mit Klebstoff an Zahnstochern oder Holzstäbchen.

12 Befestige nun die Planeten der Reihe nach auf einer Unterlage aus Bastelkarton.

Das fertige Modell
Das Modell zeigt, in welcher Reihenfolge die Planeten die Sonne umkreisen, jedoch nicht, wie groß die Entfernungen voneinander sind. Wollte man das verdeutlichen, müsste man den Merkur 10 cm, den Pluto aber 10 m von der Sonne entfernt aufstellen!

Größe der Modellplaneten

Merkur	2 mm
Venus	7 mm
Erde	7 mm
Mars	3 mm
Jupiter	72 mm
Saturn	60 mm
Uranus	22 mm
Neptun	22 mm
Pluto	2 mm

Die Planeten

Am einfachsten kann man die Venus, den Mars, den Jupiter und den Saturn beobachten, weil sie der Erde am nächsten sind. Sie sehen zunächst aus wie helle Sterne. Durch ein Fernglas oder Fernrohr betrachtet, sieht man, dass es sich um helle Lichtscheiben handelt und nicht um blinkende Lichtpunkte wie bei den Sternen. Du bräuchtest allerdings ein sehr großes Teleskop, um Einzelheiten auf der Oberfläche der Planeten zu erkennen. Wenn du die Planeten erst einmal ausgemacht hast, kannst du ihre Bewegungen über einen Zeitraum von mehreren Wochen verfolgen.

Die Phasen der Venus

Die Venus ist am besten kurz vor Sonnenaufgang zu sehen. Dann sieht sie aus wie der hellste Stern am Himmel. Wie der Mond durchläuft auch die Venus Phasen, zeigt also alle Formen zwischen Scheibe und Sichel. Du kannst diese Phasen mit dem Fernrohr verfolgen. Dabei wirst du feststellen, dass der Planet scheinbar seine Größe verändert, je nachdem, wie weit er von der Erde entfernt ist.

Die Venus wird auch als Morgenstern bezeichnet.

Die Oberfläche der Venus verschwindet unter einer dicken Atmosphäre aus Kohlendioxid.

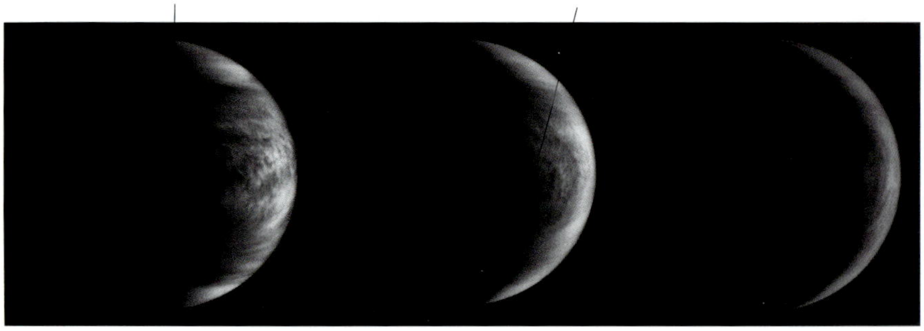

Der Jupiter

Der riesenhafte Jupiter reflektiert viel Sonnenlicht, sodass er von der Erde aus leicht zu erkennen ist. Durch ein kleines Fernrohr kannst du sehen, dass der Riesenplanet oben und unten abgeflacht ist, rund um den Äquator dagegen einen Bauch hat. Grund dafür ist die Zentrifugalkraft, die durch die erstaunlich hohe Umdrehungsgeschwindigkeit des Planeten entsteht – er rotiert in weniger als zehn Stunden einmal um sich selbst. Der folgende Versuch zeigt dir, warum der Jupiter einen Bauch hat.

Durch die hohe Umdrehungsgeschwindigkeit bildet die Gasoberfläche des Jupiters Gürtel und Streifen.

Blasen und Flecken, manche größer als die Erde, wirbeln auf der Oberfläche des Jupiters.

Du brauchst:

- roten Bastelkarton
- gelbes und rotes Buntpapier
- Wasserfarben und Pinsel
- Holzstab • Schere • Zirkel

1 Schneide den Holzstab auf 38 cm Länge ab. Male ihn an.

2 Schneide zwei 3 cm große und eine 4 cm große Scheibe aus rotem Bastelkarton.

3 Bringe auf einer schnittfesten Unterlage in der Mitte der Kartonscheiben kleine Schnitte an, damit du sie auf den Holzstab stecken kannst.

Der rostrote Mars

Von der Erde aus sieht der Mars aus wie eine rote Scheibe. Diese Färbung rührt von gerosteten Eisenbestandteilen auf der Planetenoberfläche her. Rost entsteht nur, wenn Wasser und Sauerstoff vorhanden sind. Es muss also einmal Wasser auf dem Mars gegeben haben.

Du brauchst:

- Eisenfeilspäne • Küchenpapier
- Wassersprüher
- kleine Plastikschale

1 Lege eine Plastikschale mit Küchenpapier aus. Befeuchte das Papier mit dem Wassersprüher.

Manchmal verschwindet die Oberfläche des Mars unter Staubstürmen.

2 Streue eine dünne Schicht Eisenfeilspäne auf das feuchte Papier. Stelle die Schale an die Luft.

3 Achte in den folgenden Tagen darauf, dass die Eisenfeilspäne immer etwas feucht, jedoch nicht zu nass sind.

Die nachgestellte Marsoberfläche

4 Das Eisen wird schließlich rostrot. Vergleichbares geschah einst auf dem Mars.

Die Papierstreifen sind jeweils 1 x 30 cm groß.

4 Klebe gelbe Papierstreifen auf ein 8 x 30 cm großes Stück Bastelkarton. Schneide den Karton quer dazu in acht Streifen.

5 Die Papierstreifen befestigst du an der 4 cm großen Kartonscheibe. Die Abstände zwischen den Streifen sollten gleich groß sein.

JUPITER

Der helle Jupiter bewegt sich im Vergleich zu den Sternen nur langsam. Er durchwandert die Tierkreiszeichen (siehe Seite 28) etwa in einem Jahr einmal.

8 Drehe das Modell. Siehst du, wie sich ein Bauch bildet? Der Jupiter ist keine Kugel, sondern um den Äquator herum dicker als an den Polen.

6 Befestige eine der kleineren Scheiben mit Klebstoff 18 cm von oben am Holzstab. Die Scheibe mit den Papierstreifen klebst du 3 cm von oben fest.

7 Schiebe die letzte Kartonscheibe von unten auf den Holzstab. Sie sollte lose bleiben. Biege dann die Streifenenden und klebe sie an dieser Scheibe fest.

Der Terminator
Du erkennst die Mondkrater am besten, wenn sie auf dem Terminator liegen, der Grenzlinie zwischen dem unbeleuchteten und dem beleuchteten Teil des Mondes.

Der Mond

Der Mond gehört zu den Himmelskörpern, die sich am einfachsten beobachten lassen. Weil er nur 384 400 km von uns entfernt ist, kannst du viele Einzelheiten mit bloßem Auge und noch mehr mit dem Fernglas oder Fernrohr erkennen. Die dunklen Gebiete heißen Meere, weil die Astronomen sie früher dafür hielten. Die helleren Bereiche sind Hochebenen und mit einem Fernrohr erkennt man auch Gebirgszüge. Auf dem Mond gibt es viele Krater.

Die Alpen sind die imposantesten Berge auf dem Mond. Du findest sie nahe dem dunklen Krater Pluto.

Die Apenninen sind die höchsten Berge auf dem Mond.

Die Maria (lat. »Meere«) sind großflächige Vertiefungen auf der Mondoberfläche.

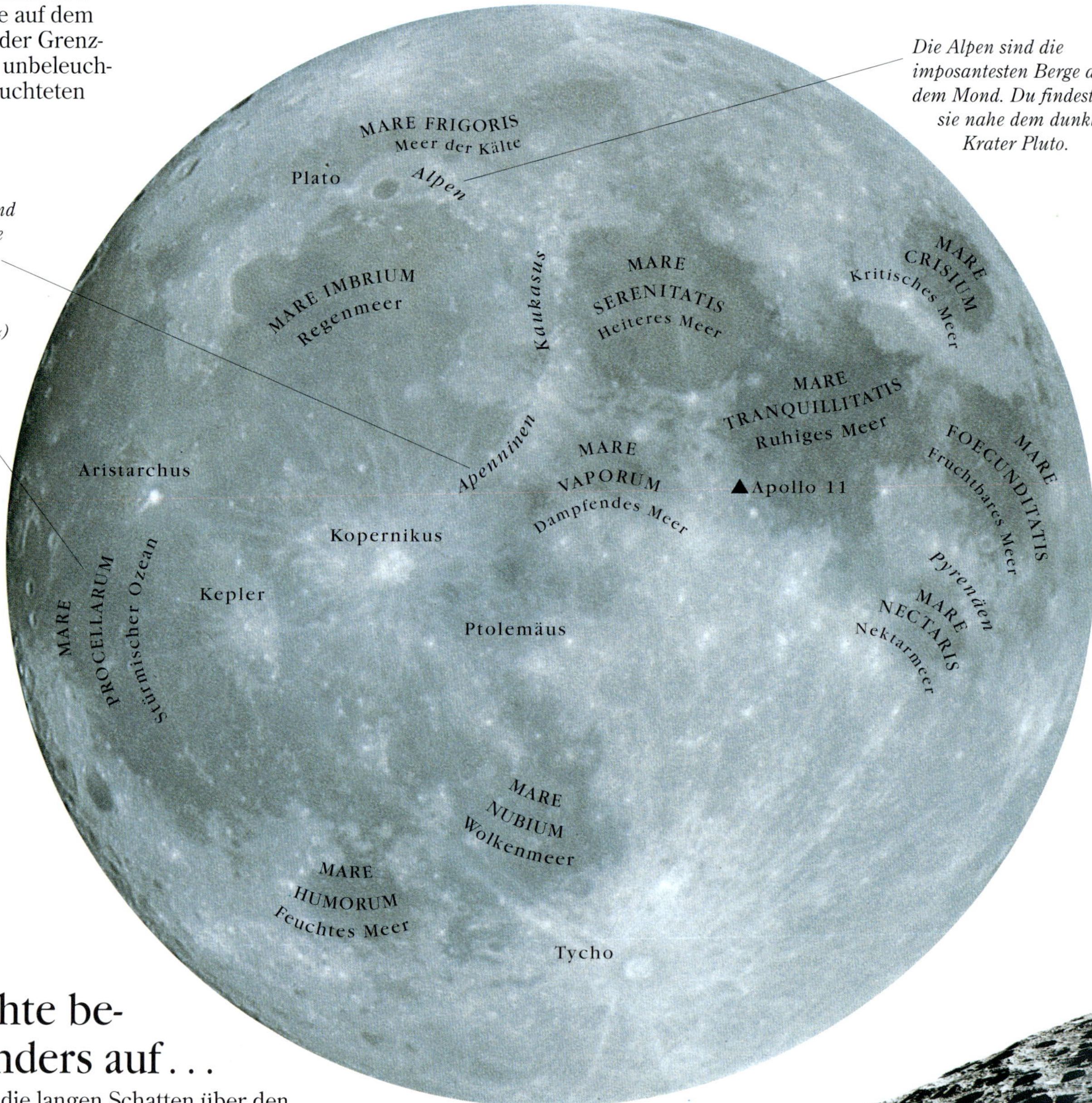

Achte besonders auf ...

- ... die langen Schatten über den Kratern und Gebirgen, die sich Nacht für Nacht verändern.
- ... die großen Maria, wie das Kritische Meer, die du mit bloßem Auge erkennen kannst.
- ... die hellen Strahlen, die vom Krater Tycho ausgehen. Die hunderte von Kilometer reichenden Strahlen sind um den Vollmond herum zu beobachten.

Die Rückseite des Mondes
Die ersten Menschen, die die Rückseite des Mondes sahen, waren Astronauten. Der Mond zeigt nämlich immer mit der gleichen Seite zur Erde. Die Rückseite ist von Kratern zerfurcht, hat aber auch ein Meer, das Tsiolkowsky-Meer.

VOLLMOND

Am besten lässt sich der Mond in der Zeit studieren, in der er zunimmt. Nach Vollmond steht der Mond am frühen Morgen am Himmel – eine ungünstige Zeit für die Beobachtung.

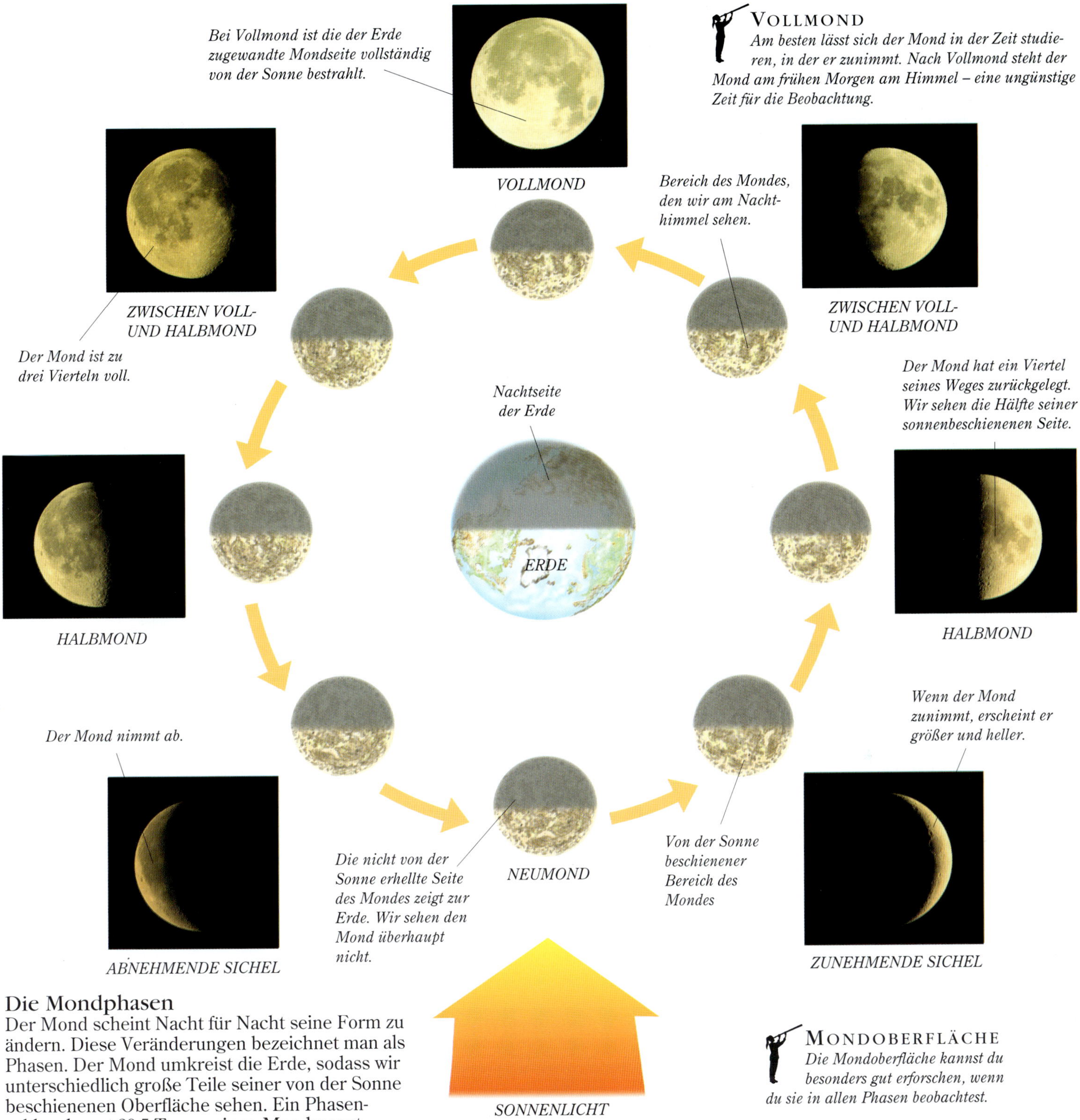

Die Mondphasen

Der Mond scheint Nacht für Nacht seine Form zu ändern. Diese Veränderungen bezeichnet man als Phasen. Der Mond umkreist die Erde, sodass wir unterschiedlich große Teile seiner von der Sonne beschienenen Oberfläche sehen. Ein Phasenzyklus dauert 29,5 Tage – einen Mondmonat.

MONDOBERFLÄCHE

Die Mondoberfläche kannst du besonders gut erforschen, wenn du sie in allen Phasen beobachtest.

Das Mondtagebuch

Verfolge einen Monat lang die Mondphasen. Suche in der Nacht nach Neumond nach der dünnen Sichel. (Die Mondphasen stehen auch in der Zeitung.) Notiere jede Nacht, welche Form der Mond hat, und markiere, wo am Himmel er steht. Du wirst feststellen, dass er jede Nacht 52 Minuten später auf- und untergeht.

Notiere, wie viele Tage seit Neumond vergangen sind.

Der abnehmende Mond ist oft bei Tag zu sehen.

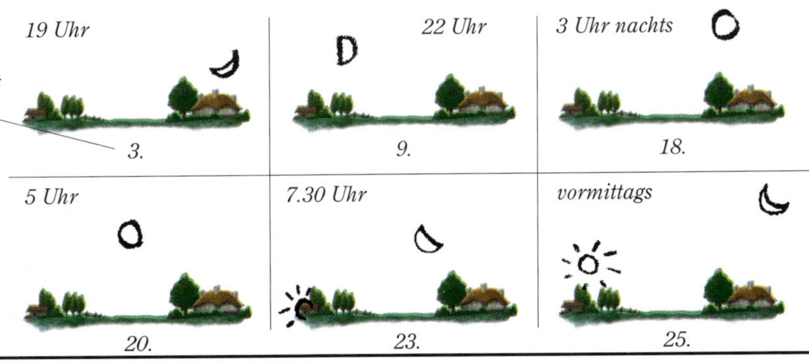

Mondfinsternis

Roter Mond
Die rötliche Farbe des Mondes bei einer Mondfinsternis wird von der Erdatmosphäre bedingt. Zwar steht die Erde zwischen Mond und Sonnenlicht, doch die Atmosphäre bricht so viel Sonnenlicht, dass der Mond von roten Lichtwellen weiter schwach beleuchtet wird.

Der Mond ist der hellste Himmelskörper. Manchmal wird er jedoch vom Schatten der Erde verdunkelt. Man bezeichnet das als Mondfinsternis. Der Mond verschwindet nicht vollständig, sondern nimmt eine stumpfe, kupferrote Färbung an. Eine Mondfinsternis gibt es dann, wenn die Sonne, der Vollmond und die Erde auf einer Linie stehen. Der Mond gerät dann in den Schatten der Erde.

1 Eine Kugel mit einem Durchmesser von 5 cm dient dir als Erde, eine mit 2,5 cm Durchmesser als Mond. Male die Erde blau und den Mond grau an.

Male die Holzstäbchen dunkel an.

2 Schneide einen Holzstab auf eine Länge von 18 cm für die Erde und 19 cm für den Mond ab. Klebe die Kugeln oben auf den Stab.

Modell einer Mondfinsternis

Baue dir ein Modell der Erde und des Mondes. Die Taschenlampe ersetzt die Sonne. Verdunkle den Raum, damit du den Schatten der Erde auf den Mond, also eine Mondfinsternis, simulieren kannst.

Du brauchst:
- feste Unterlage • Taschenlampe
- zwei Holzstäbe • Kugeln für Erde und Mond
- Wasserfarbe • Schere
- Klebstoff

Die Unterlage und die Holzstäbchen sollten dunkel angemalt sein, damit sie das Licht nicht reflektieren.

3 Schneide eine 42 x 15 cm große Unterlage aus Bastelkarton aus. Stich im Abstand von 30 cm zwei Löcher in die Unterlage. Schiebe den Stab mit der Erde in das eine Loch und klebe ihn fest.

4 Klebe den Mondstab im anderen Loch fest. Es ist wichtig, dass die Mittelpunkte der beiden Kugeln genau auf einer Höhe sind. Korrigiere, wenn nötig, die Länge der Stäbe.

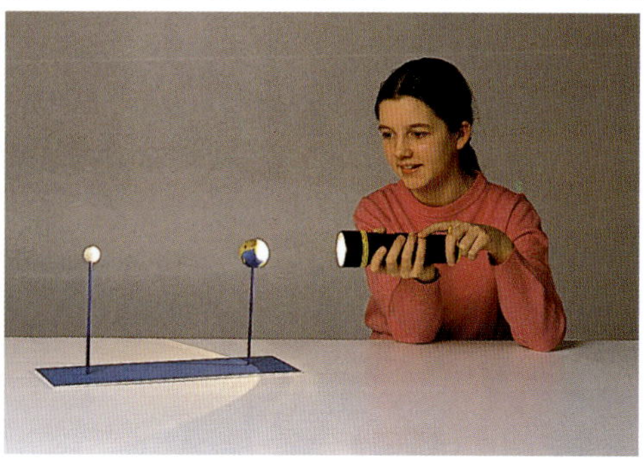

5 Halte deine Taschenlampe so, dass sie auf einer Höhe mit Mond und Erde steht; der Mond steht hell am Nachthimmel.

6 Richte die Unterlage so aus, dass Mond, Erde und Sonne eine Linie bilden. Der Schatten der Erde fällt auf den Mond – eine totale Mondfinsternis.

7 Richte jetzt die Unterlage so aus, dass nur ein Teil des Erdschattens den Mond verdunkelt. Das entspricht einer partiellen Mondfinsternis.

Die Mondoberfläche

Auf dem Mond gibt es weder Wasser noch eine Atmosphäre, sodass sich dort kein Leben entwickeln konnte. Ohne Atmosphäre gibt es auch kein Wetter. Das Oberflächengestein wurde daher nicht von Wind und Regen erodiert oder von den Gezeiten abgetragen. Es ist mit feiner, lockerer Erde bedeckt.

Holprige Oberfläche

Der Mond ist von hunderttausenden von Kratern übersät – rund 500 000 davon haben einen Durchmesser von 1 500 m. Viele von ihnen haben steil aufragende, mehrere tausende Meter hohe Ränder.

Astronauten

Die Apollo-Astronauten brachten Gesteinsproben mit.

Mondgestein

Beim Mondgestein handelt es sich vorwiegend um Basalt, ein vulkanisches Gestein, und Breccie, eine Mischung aus Mineral- und Gesteinstrümmern.

Entstehung der Mondkrater

Durch das Fernglas erkennst du, dass die Mondoberfläche von verschieden großen Kratern übersät ist. Diese wurden von Meteoriten geformt, die kurz nach seiner Entstehung auf den Mond einprasselten. Die Gesteinsbrocken schlugen mit hoher Geschwindigkeit ein und explodierten, sodass Krater entstanden. Mit dem folgenden Versuch kannst du diesen Vorgang nachstellen.

Du brauchst:

- Kieselsteine • Alufolie
- flache Schale • Gips
- Wasser • Schüssel
- Papier • Löffel

1 Suche dir zunächst Kieselsteine aus, die du als Meteoriten verwenden kannst. Wickle sie in Alufolie, damit sie möglichst rund werden.

Lege die Schale mit Alufolie aus, damit der Gips nicht an der Schale haftet.

2 Gib Gipspulver in eine mit Alufolie ausgelegte Schale. Verteile es gleichmäßig und glätte die Oberfläche.

Rühre die ganze Zeit gut um.

3 Gieße nach und nach Wasser in das Gipspulver. Nun muss es schnell gehen, damit der Gips nicht aushärtet, ehe du fertig bist. Ist die Masse zu dünn, gib mehr Gips dazu.

Krater

Die Einschläge der Kiesel in den noch nicht ausgehärteten Gips hinterlassen viele kleine Krater, denen des Mondes ganz ähnlich.

4 Warte, bis der Gips anzieht. Er darf aber nicht hart sein! Lass dann so viele »Geschosse« wie möglich aus Brusthöhe in die Schale fallen.

Lege zum Schutz vor Spritzern Zeitungspapier unter.

Die Sonne

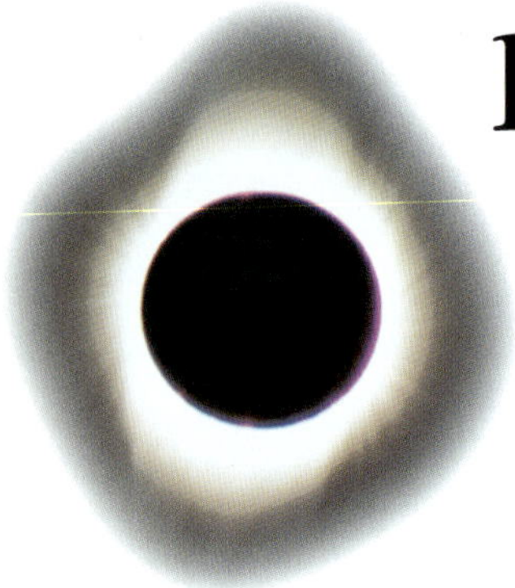

Die Korona
Der äußere Teil der Sonnenatmosphäre, die Korona, ist bei einer totalen Sonnenfinsternis zu sehen.

Sonnenfinsternis
Bei einer totalen Sonnenfinsternis verschwindet die Sonne am helllichten Tag. Bei einer Sonnenfinsternis steht der Mond zwischen Erde und Sonne, sodass er die Sonne verdeckt und seinen Schatten auf die Erde wirft. Die Sonnenfinsternis ist nur dort zu sehen, wo der Schatten, der weniger als 250 km breit ist, hinfällt.

Die Sonne ist der Stern, der uns am nächsten ist. Sie ist eine glühende Gaskugel; die Erde würde 1 000 000-mal in sie hineinpassen. An der Oberfläche werden Temperaturen von 6 000 °C, im Mittelpunkt bis zu 15 Millionen °C erreicht. Und dennoch ist die Sonne ein ganz durchschnittlicher Stern. Uns erscheint sie im Vergleich zu den anderen nur so groß und hell, weil sie viel näher ist. Durch die Beobachtung der Sonne haben die Astronomen auch viel über Sterne im Allgemeinen erfahren.

ACHTUNG!
SIEH NIEMALS DIREKT IN DIE SONNE!

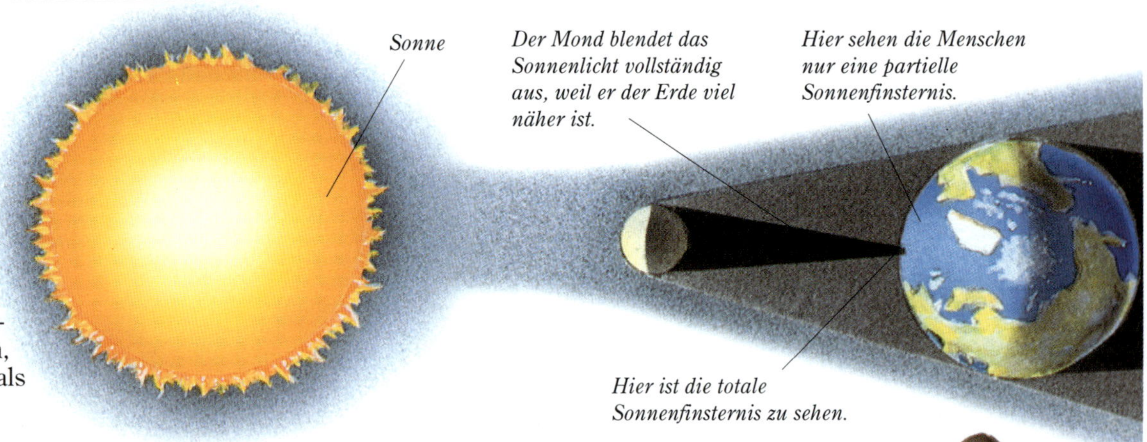

Blick auf die Sonne

Es ist sehr gefährlich, mit dem Fernglas, dem Fernrohr oder dem bloßen Auge direkt in die Sonne zu sehen. Die einzig sichere Methode, die Sonne zu beobachten, ist, sie durch ein Fernglas oder Fernrohr auf einen Bogen Karton zu projizieren.

Du brauchst:
- Lineal • Zirkel • Fernglas
- Klebstoff • Bastelmesser
- blauen und weißen Bastelkarton

1 Miss den Durchmesser eines der Okulare deines Fernglases.

2 Zeichne auf einem großen Bogen Bastelkarton einen Kreis mit dem Durchmesser des Okulars.

3 Schneide die Scheibe mit einem Bastelmesser aus. Bitte eine geübte Person um Hilfe!

4 Die Scheibe wird nun in eines der Okulare eingepasst. Befestige den Karton mit Klebstoff am Fernglas.

5 Ein großer Bogen weißer Karton dient dir als Leinwand, die das Sonnenlicht auffängt. Halte das Fernglas in einer Entfernung von 1 m so in die Höhe, dass sein Schatten auf die Leinwand fällt. Drehe das Fernglas, bis die Sonnenscheibe auf die Leinwand fällt. Stelle das Bild scharf.

Die Hitze der Sonne

Etwa die Hälfte der Sonnenenergie besteht aus Licht, die andere aus Wärme. Die Wärmeenergie der Sonne kannst du in einem einfachen Versuch nachweisen. Bitte zuvor deine Eltern um Erlaubnis!

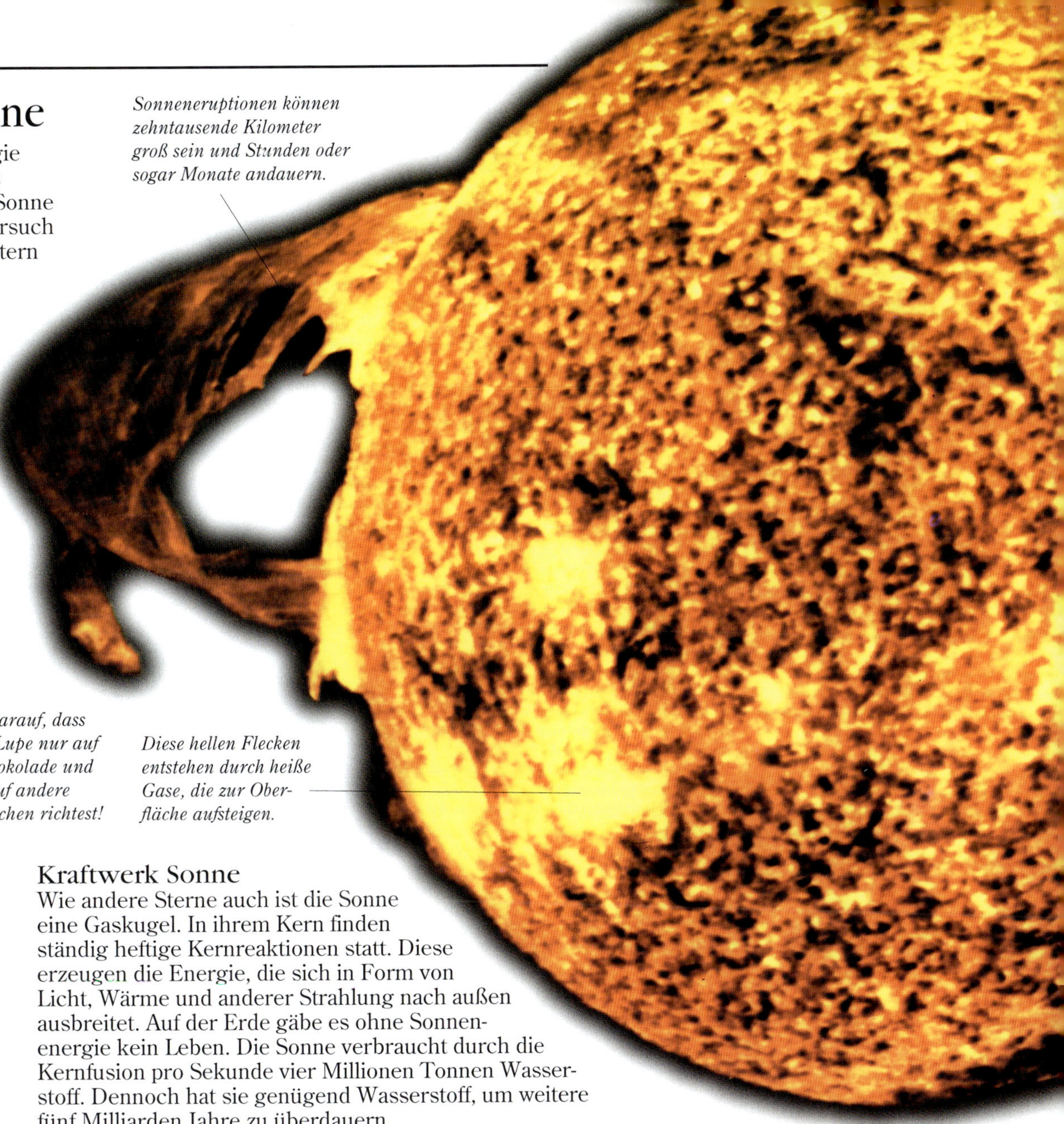

Sonneneruptionen können zehntausende Kilometer groß sein und Stunden oder sogar Monate andauern.

Diese hellen Flecken entstehen durch heiße Gase, die zur Oberfläche aufsteigen.

Du brauchst:

- Lupe
- Riegel Schokolade
- Teller

Achte darauf, dass du die Lupe nur auf die Schokolade und nicht auf andere Oberflächen richtest!

1 Richte Sonnenlicht durch eine Lupe auf einen Riegel Schokolade. Die Schokolade schmilzt sehr schnell. Diese Wärmeenergie ist nur ein Teil der kraftvollen Strahlung, die von der Sonne ausgeht.

Kraftwerk Sonne

Wie andere Sterne auch ist die Sonne eine Gaskugel. In ihrem Kern finden ständig heftige Kernreaktionen statt. Diese erzeugen die Energie, die sich in Form von Licht, Wärme und anderer Strahlung nach außen ausbreitet. Auf der Erde gäbe es ohne Sonnenenergie kein Leben. Die Sonne verbraucht durch die Kernfusion pro Sekunde vier Millionen Tonnen Wasserstoff. Dennoch hat sie genügend Wasserstoff, um weitere fünf Milliarden Jahre zu überdauern.

Sonnenflecken

Mit Hilfe der Projektion auf eine Leinwand kannst du auch die Sonnenflecken, die sich auf der Oberfläche der Sonne befinden, verzeichnen. Das sind dunklere, kühlere Regionen unseres Sterns. Ein Sonnenfleck ist meist tausende von Kilometern groß. Er tritt innerhalb weniger Minuten auf, bleibt dann aber mehrere Monate lang bestehen.

Du brauchst:

- Leinwand • Transparentpapier
- Klebeband • Bleistift

Leinwand

1 Befestige Transparentpapier mit Klebeband auf der Leinwand. Markiere die Position der dunklen Flecken mit dem Bleistift. Mit der Zeit kannst du festhalten, wie sich die Flecken verändern.

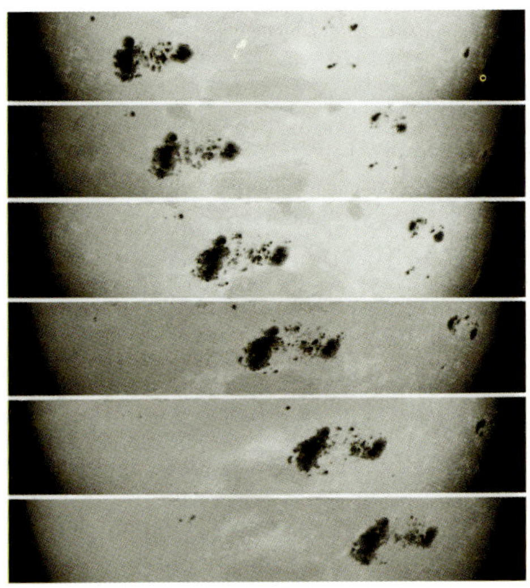

2 Beobachtungen oder Fotos der Sonne über einen längeren Zeitraum hinweg zeigen, dass sich die Sonne in 28 Tagen einmal um sich selbst dreht.

SONNENFLECKENZYKLUS

Es gibt einen Sonnenfleckenzyklus: Alle elf Jahre treten besonders viele Sonnenflecken auf, am Tiefpunkt des Zyklus dagegen fast keine.

Die Erde und der Weltraum

Die Stellung unseres Planeten im Weltraum hat Einfluss auf das Leben auf der Erde. So verfügt die Erde zum Beispiel nur deshalb über so viel Wasser, weil hier die richtige Temperatur herrscht: nahe der Sonne, aber nicht zu nah. Die Größe der Erde reicht eben aus, dass auf Grund ihrer Schwerkraft eine Atmosphäre aufrechterhalten bleibt, ohne die wir nicht atmen könnten. Daher verdunsten auch die Ozeane nicht. Unser nächster Nachbar, der Mond, ist so groß, dass seine Schwerkraft auf unsere Meere wirkt und Ebbe und Flut hervorruft.

Die Erde und der Mond
Auf diesem Foto, das Apollo-Astronauten aufnahmen, sieht man den Kontrast zwischen der öden, grauen Mondlandschaft und der blau-grünen Erde.

Die Schwerkraft

Die Schwerkraft ist die Anziehungskraft, die zwischen zwei Körpern besteht. Die Schwerkraft der Erde hält den Mond auf seiner Umlaufbahn, die des Mondes bewirkt die Gezeiten der Ozeane auf der Erde. Im folgenden Versuch kannst du mit Hilfe von Magneten ausprobieren, wie sich zwei Körper auf Grund ihrer Schwerkraft gegenseitig anziehen. Magnetismus ist nicht das Gleiche wie Schwerkraft, doch die Wirkung ist ähnlich.

1 Schneide mit dem Bastelmesser einen mindestens 2 cm breiten L-förmigen Arm aus Schaumgummi aus. Er soll 22 cm hoch und oben 15 cm breit sein.

Du brauchst:
- festen Schaumgummi
- Bastelmesser • Lineal • Stift
- Bastelkarton • Buntpapier
- Bindfaden • vier Magnete
- Klebstoff

2 Schneide aus Bastelkarton eine etwa 22 x 12 cm große Unterlage aus. Beklebe Arm und Unterlage mit Buntpapier.

3 Befestige den Arm mit Klebstoff auf der Unterlage. Knote einen etwa 25 cm langen Bindfaden an den Arm.

Der Arm muss stabil genug sein, das Gewicht des schwingenden Magneten zu halten.

4 Hänge einen Magneten an den Bindfaden. Er sollte etwa 2,5 cm über der Unterlage hängen und frei schwingen können.

5 Befestige drei Magnete auf der Unterlage. Ordne sie so an, dass sie den schwingenden Magneten jeweils anziehen.

6 Setze das Magnetpendel in Bewegung und beobachte, welche Bahn es beschreibt, je nachdem, wie nahe es den Magneten kommt. Die Art und Weise, wie diese Magneten den pendelnden Magneten anziehen, simuliert die Schwerkraft.

Die Magneten ziehen einander an und stoßen sich gegenseitig ab.

Sternkarte

Von der Erde aus sieht es so aus, als wären die Sterne innen an einer großen Kugel festgemacht. Obwohl sie wissen, dass dem nicht so ist, verwenden die Astronomen die Vorstellung einer Himmelskugel, wenn sie die Positionen der Sterne verzeichnen wollen. So wie Geografen die Erde mit Hilfe gedachter Längen- und Breitengrade kartografieren, markieren die Astronomen die Position der Sterne, der Sonne und des Mondes mit Breitenlinien (Deklinationskreise) und Längenlinien (Stundenkreise). Diese sind auf vielen Himmelskarten eingezeichnet.

Himmelssphäre

Da sich die Erde um sich selbst dreht und zusätzlich die Sonne umkreist, ändert sich unser Bild der Sterne ständig. In den verschiedenen Jahreszeiten sehen wir unterschiedliche Teile der Himmelssphäre.

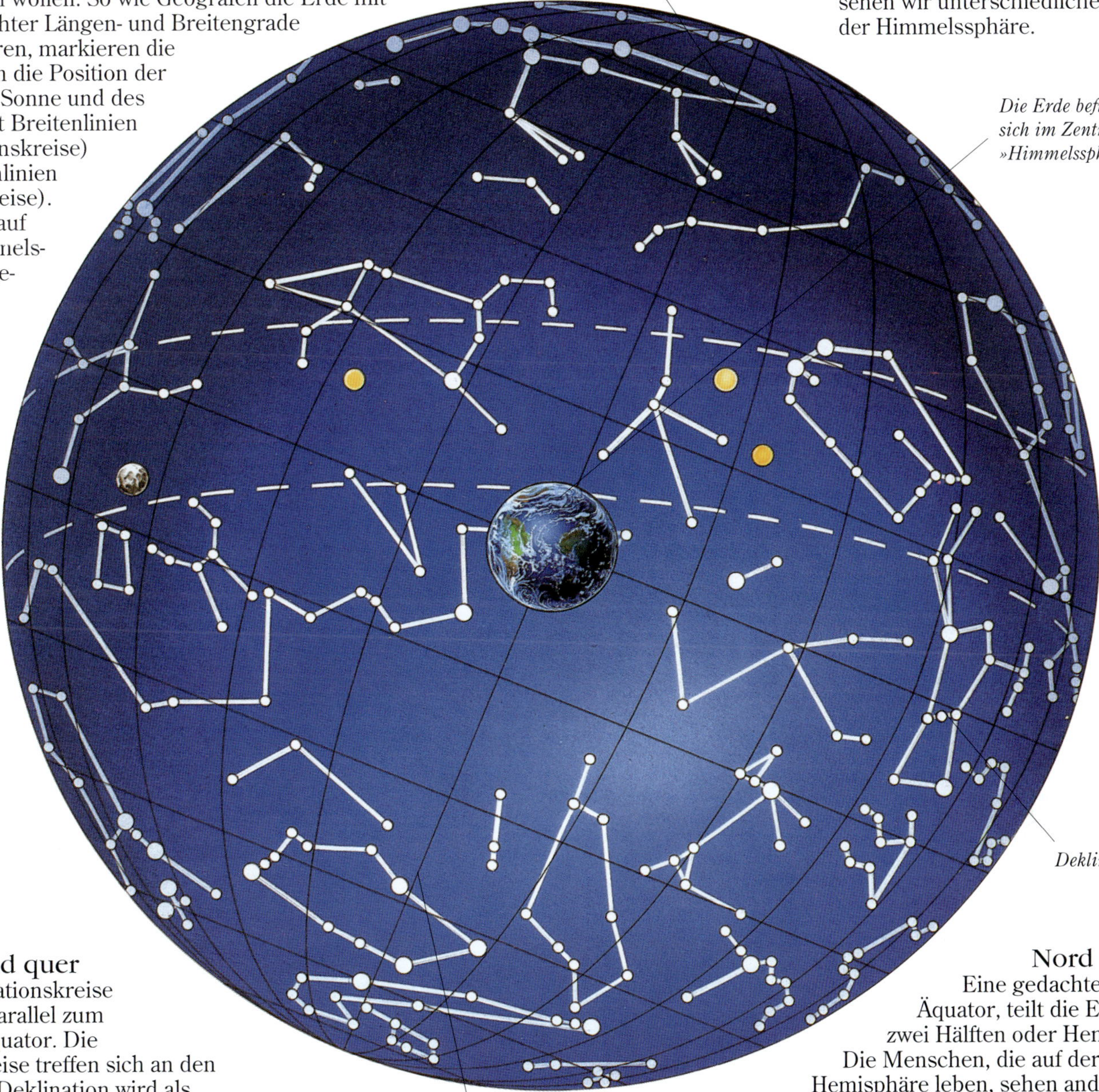

Kreuz und quer

Die Deklinationskreise verlaufen parallel zum Himmelsäquator. Die Stundenkreise treffen sich an den Polen. Die Deklination wird als Winkel angegeben, der Stundenwinkel in Stunden und Minuten.

Nord und Süd

Eine gedachte Linie, der Äquator, teilt die Erdkugel in zwei Hälften oder Hemisphären. Die Menschen, die auf der südlichen Hemisphäre leben, sehen andere Sterne als diejenigen, die auf der nördlichen Hemisphäre wohnen.

Die Jahreszeiten

Die Erde ist an ihrer Achse geneigt. Das bedeutet, dass auf ihrer Reise um die Sonne zu unterschiedlichen Zeiten auch unterschiedliche Sonneneinstrahlung die Erde erreicht. So entstehen die Jahreszeiten. Anhand dieses Versuchs kannst du nachstellen, wie sich mit der Dauer eines Tages auch die Jahreszeiten ändern: Die Tage sind im Winter kürzer als im Sommer.

Du brauchst:
- Lampe (die Sonne)
- Globus
- Bücher oder Schachteln

Der Südpol zeigt im Sommer auf der südlichen Hemisphäre zur Sonne.

1 Der höchste Punkt des Globus und die Lampe müssen auf einer Höhe sein. Die südliche Hemisphäre zeigt zur Sonne – dort ist Sommer.

2 Schalte die Lampe ein und drehe die Erde einmal um sich selbst (ein Tag). Die südliche Hemisphäre hat länger Sonnenlicht als die nördliche. Wiederhole den Versuch; diesmal steht die Nordhalbkugel näher an der Sonne.

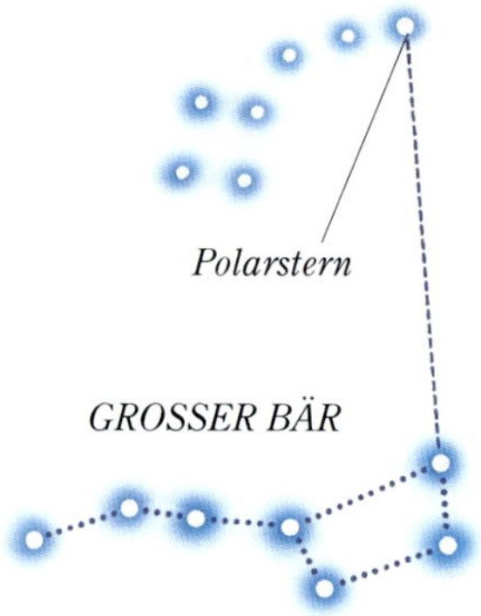

Die nördliche Hemisphäre

Im Altertum orientierten sich die Astronomen am Himmel, indem sie die Sterne Mustern oder Sternbildern zuordneten. Wir verwenden diese Sternbilder, meist Gestalten aus der griechischen Mythologie oder Tiere, noch heute. Man sieht sie nicht alle auf einmal. Die Karte auf dieser Seite verzeichnet die Sterne, die man das Jahr über auf der nördlichen Halbkugel beobachten kann.

Der Polarstern

Der Polarstern ist der einzige Stern, der scheinbar fest an seinem Platz bleibt, während sich die Erde bewegt. Du findest ihn, indem du dir eine Linie durch die beiden rechten Sterne des Sternbildes Großer Bär denkst und diese nach oben verlängerst.

Übungssache

Auf der Karte findest du die Sternbilder zunächst wahrscheinlich leichter als am Himmel. Mit ein wenig Übung wirst du sie aber bald erkennen können.

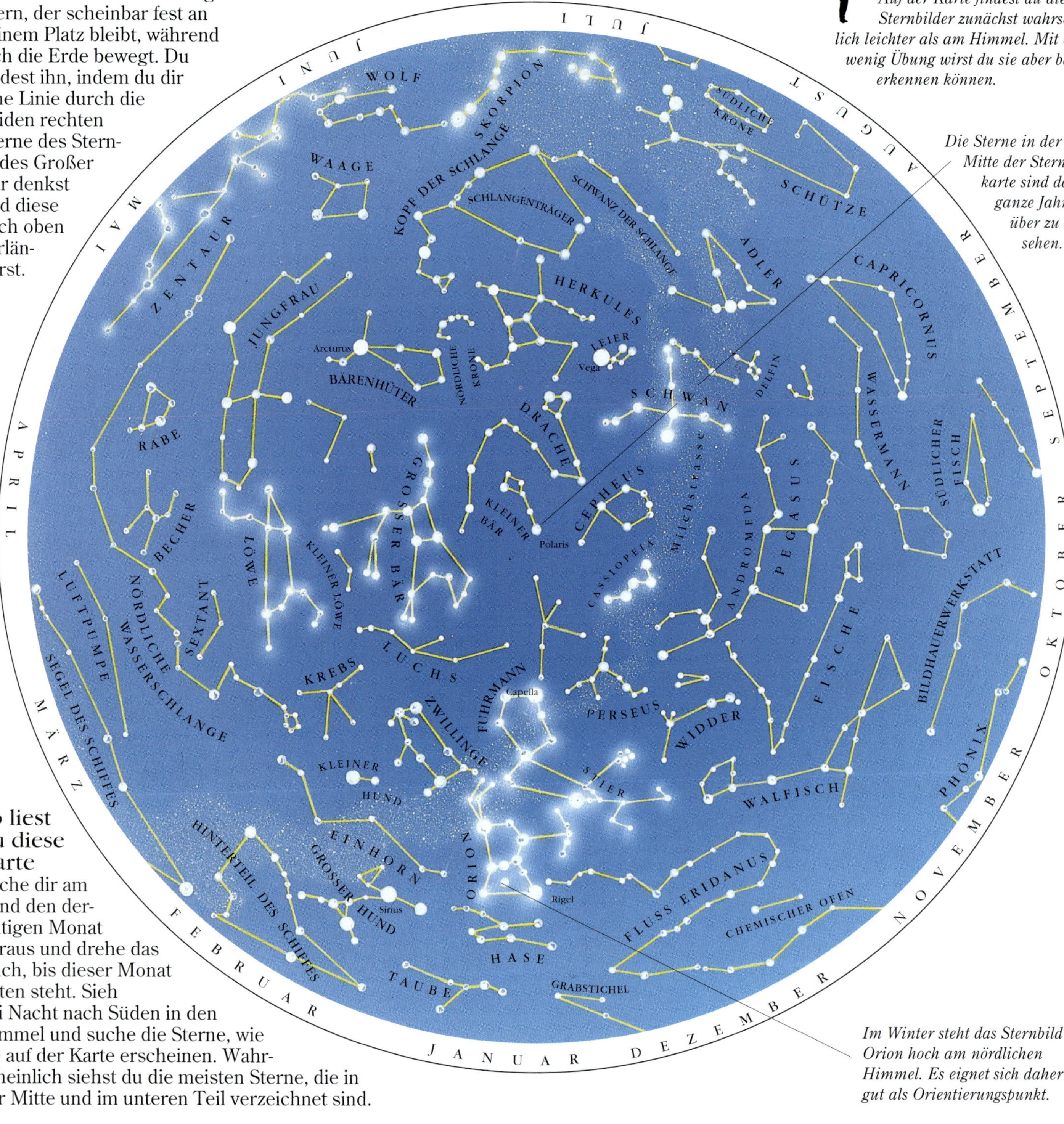

Die Sterne in der Mitte der Sternkarte sind das ganze Jahr über zu sehen.

Im Winter steht das Sternbild Orion hoch am nördlichen Himmel. Es eignet sich daher gut als Orientierungspunkt.

So liest du diese Karte

Suche dir am Rand den derzeitigen Monat heraus und drehe das Buch, bis dieser Monat unten steht. Sieh bei Nacht nach Süden in den Himmel und suche die Sterne, wie sie auf der Karte erscheinen. Wahrscheinlich siehst du die meisten Sterne, die in der Mitte und im unteren Teil verzeichnet sind.

Bau eines Quadranten

Jahrhundertelang orientierten sich die Seefahrer an den Sternen. Früher verwendeten sie einen Quadranten, um sich zurechtzufinden. In der nördlichen Hemisphäre maßen sie damit den Winkel zwischen dem Horizont und dem Polarstern. Weil bekannt war, dass die Höhe des Polarsterns überall auf der Erde dem aktuellen Breitengrad entspricht, wussten sie, wo sie sich befanden. Baue dir anhand der folgenden Anleitung einen Quadranten.

Du brauchst:

- Zirkel
- Bleistift
- Bastelkarton
- Bastelmesser
- Bindfaden
- Filzstift
- Klebstoff
- Lineal
- Winkelmesser
- Musterklammer
- festen Schaumgummi

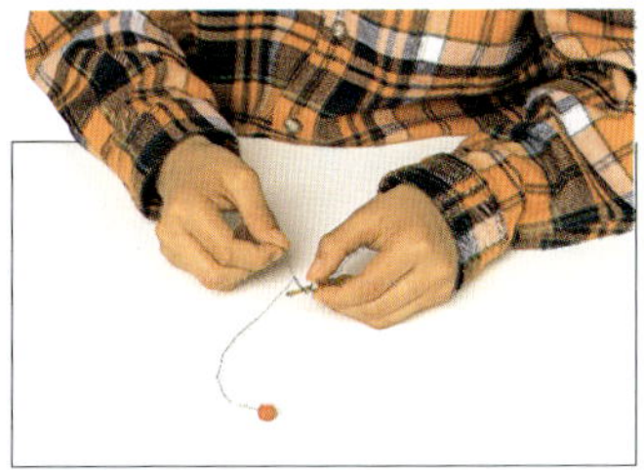

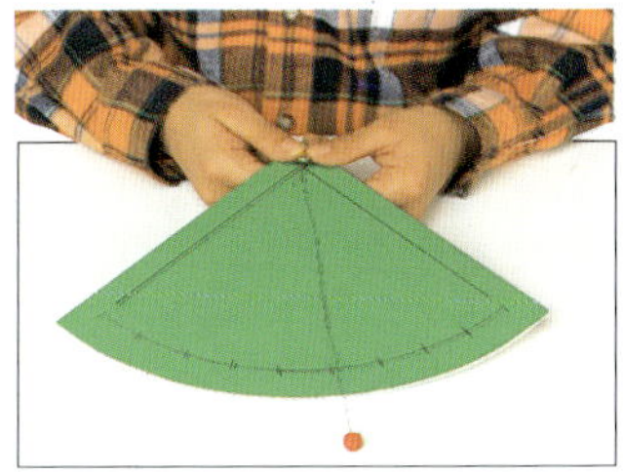

1 Zeichne mit Hilfe des Zirkels einen Viertelkreis mit einem Radius von 20 cm auf den Bastelkarton. Schneide ihn aus. Ziehe dann parallel zu den geraden Seiten im Abstand von jeweils 1,5 cm eine 15 cm lange Linie.

2 Verbinde die beiden Linien mit einem Bogen. Zeichne mit dem Winkelmesser und einem Lineal die Gradeinteilung 0° bis 90° ein.

3 Binde eine Perle an einen 25 cm langen Bindfaden. Knote am anderen Fadenende die Musterklammer fest.

4 Schiebe die Musterklammer durch die Achse des Quadranten und biege die Beinchen um.

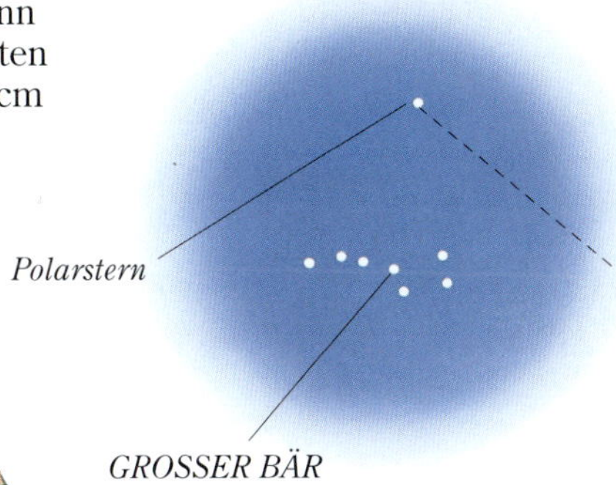

Höhe

Die Höhe wird vom Äquator aus (0°) zum Polarstern (90°) gemessen. Von Sagres in Portugal aus beträgt die Höhe des Polarsterns 37°; Sagres liegt also auf dem 37. Breitengrad.

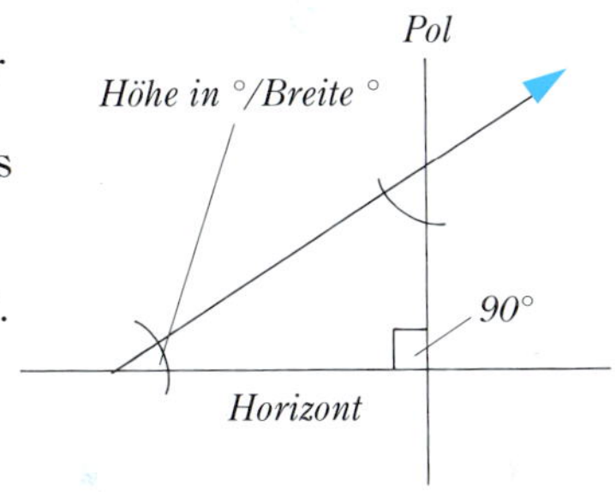

5 Zeichne zwei etwa 2,5 cm hohe Sucher aus festem Karton auf (siehe rechts). Schneide sie aus und bringe Löcher an, die groß genug sind, dass du hindurchschauen kannst.

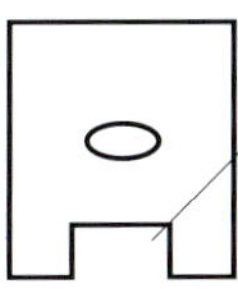

Die Schlitze im Sucher müssen so breit sein, wie der Quadrant dick ist.

6 Schiebe die beiden Sucher 2,5 cm von oben und unten auf den Quadranten. Klebe sie wenn nötig fest.

7 Damit du deinen Quadranten besser halten kannst, klebst du einen Griff auf die Rückseite des Quadranten, der lang und dick genug ist, dass du ihn greifen kannst.

Angezeigt werden 37°.

Sieh mit dem Quadranten niemals in die Sonne!

Horizont

Lies den Winkel hier ab, wo der Bindfaden die Skala kreuzt. Die Zahl besagt, auf welchem Breitengrad du dich befindest.

8 Halte den Quadranten hoch und peile durch die Sucher hindurch den Polarstern an. Wenn der Polarstern mit den beiden Suchern eine Linie bildet, liest du die Skala ab. Fixiere dazu den Faden mit den Fingern.

Die südliche Hemisphäre

Die Astronomen der südlichen Halbkugel blicken mitten in die Milchstraße, in der sich die meisten Sterne unserer Galaxie befinden. Aus diesem Grund ist der Nachthimmel der südlichen Hemisphäre heller und großartiger als der der nördlichen. Auf der Karte rechts sind die Sterne, die dort das Jahr über zu sehen sind, verzeichnet.

Du brauchst:

- Zirkel • Bleistift
- Bastelkarton • Tischtennisball
- Zahnstocher • Papier
- Farben und Pinsel • Klebeband
- Taschenlampenglühbirne
- Kabel und Klemmen • Batterie

Die Tierkreiszeichen

Egal, ob im Norden oder im Süden – die zwölf Tierkreiszeichen sind von überall zu sehen. Diese Sternbilder sind die Kulisse, vor der sich Sonne, Mond und Planeten bewegen. Da sich die Erde in einem Jahr einmal um die Sonne dreht, verändert sich auch diese Kulisse, je nachdem, wie uns das grelle Sonnenlicht die Sicht darauf versperrt. Mit dem folgenden Modell kannst du nachstellen, wie sich unsere Sicht über das Jahr verändert.

Ziehe die Kreise mit dem Zirkel.

1 Schneide aus Bastelkarton einen Kreis mit einem Durchmesser von 80 cm aus und unterteile ihn in zwölf gleich große Abschnitte. Beschrifte diese gegen den Uhrzeigersinn mit den Monatsnamen.

2 Male einen Tischtennisball als Erdkugel an. Stecke ihn auf einen Zahnstocher. Befestige diesen so, dass die Erdkugel von der Senkrechte aus um 23° geneigt ist.

Befestige die geneigte Erdkugel auf einem Stück Karton.

3 Zeichne die unten abgebildeten Tierkreiszeichen auf ein 80 x 10 cm großes blaues Papierband. Klebe das Band zusammen und stelle es auf die große Unterlage. Verbinde eine Glühlampe mit einer Batterie. Das ist die Sonne.

Der Orionnebel
Die Tierkreiszeichen können dir bei deiner Orientierung am Nachthimmel behilflich sein. Der Orionnebel (oben) im Sternbild Orion liegt zwischen Stier und Zwillingen.

4 Die Sonne steht in der Mitte. Bewege jetzt die Erde durch die Monate. Du siehst dabei, warum die Tierkreiszeichen gegen die Sonne nicht zu sehen sind: Das Sonnenlicht blendet sie aus.

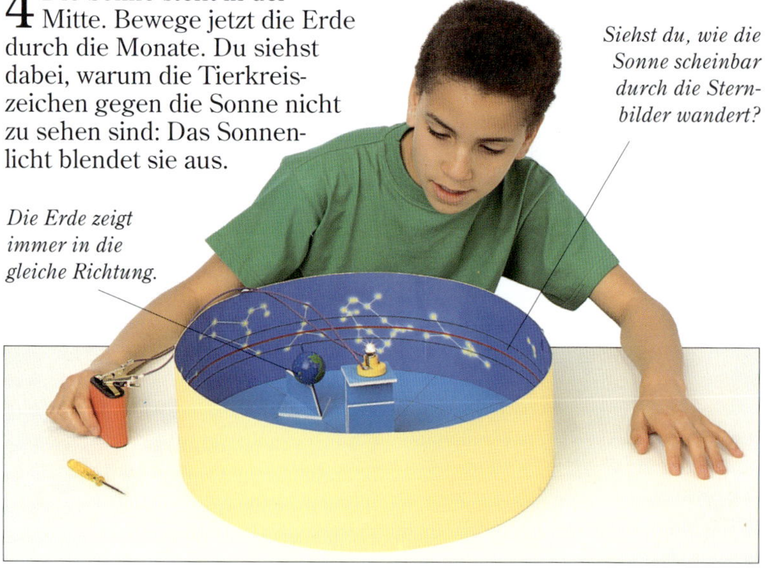

Siehst du, wie die Sonne scheinbar durch die Sternbilder wandert?

Die Erde zeigt immer in die gleiche Richtung.

Die rote Linie zeigt den Weg, den die Sonne scheinbar durch die Tierkreiszeichen nimmt. Mond und Planeten bleiben zwischen den schwarzen Linien.

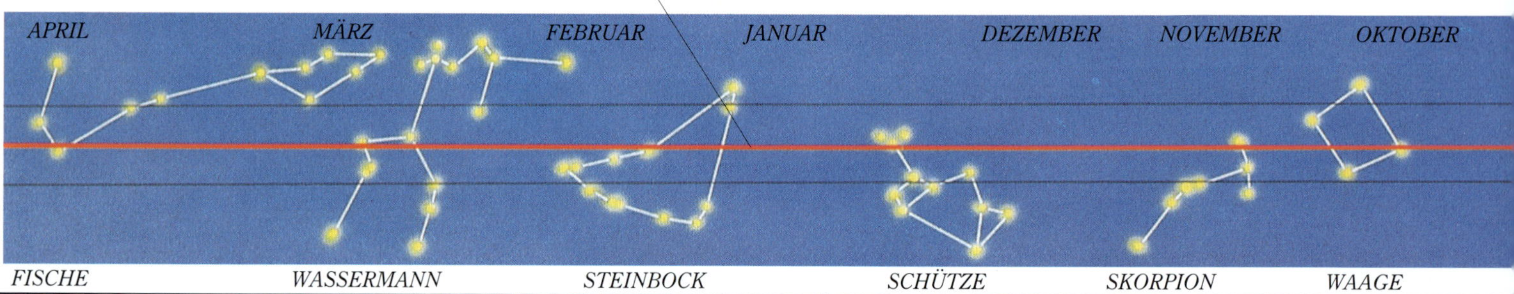

Die Sternbilder des südlichen Himmels

Auf der südlichen Erdhalbkugel gibt es wenig Lichtverschmutzung, weil es dort weniger besiedelte Landflächen und damit weniger Lichter gibt. Suche den Sirius, den hellsten Stern. Er liegt im Sternbild Großer Hund.

Das Kreuz des Südens

Im Süden gibt es keinen einzelnen Polarstern. Das Sternbild Kreuz des Südens aber liegt nahe dem Pol. Schon die polynesischen Völker orientierten sich auf See am Kreuz des Südens.

Das Kreuz des Südens steht hier nahe des Indischen Ozeans über den Wolken.

Die Sterne in Äquatornähe sind von beiden Erdhalbkugeln aus zu sehen. Die Sterne rund um die Pole können nur von der jeweiligen Hemisphäre aus beobachtet werden.

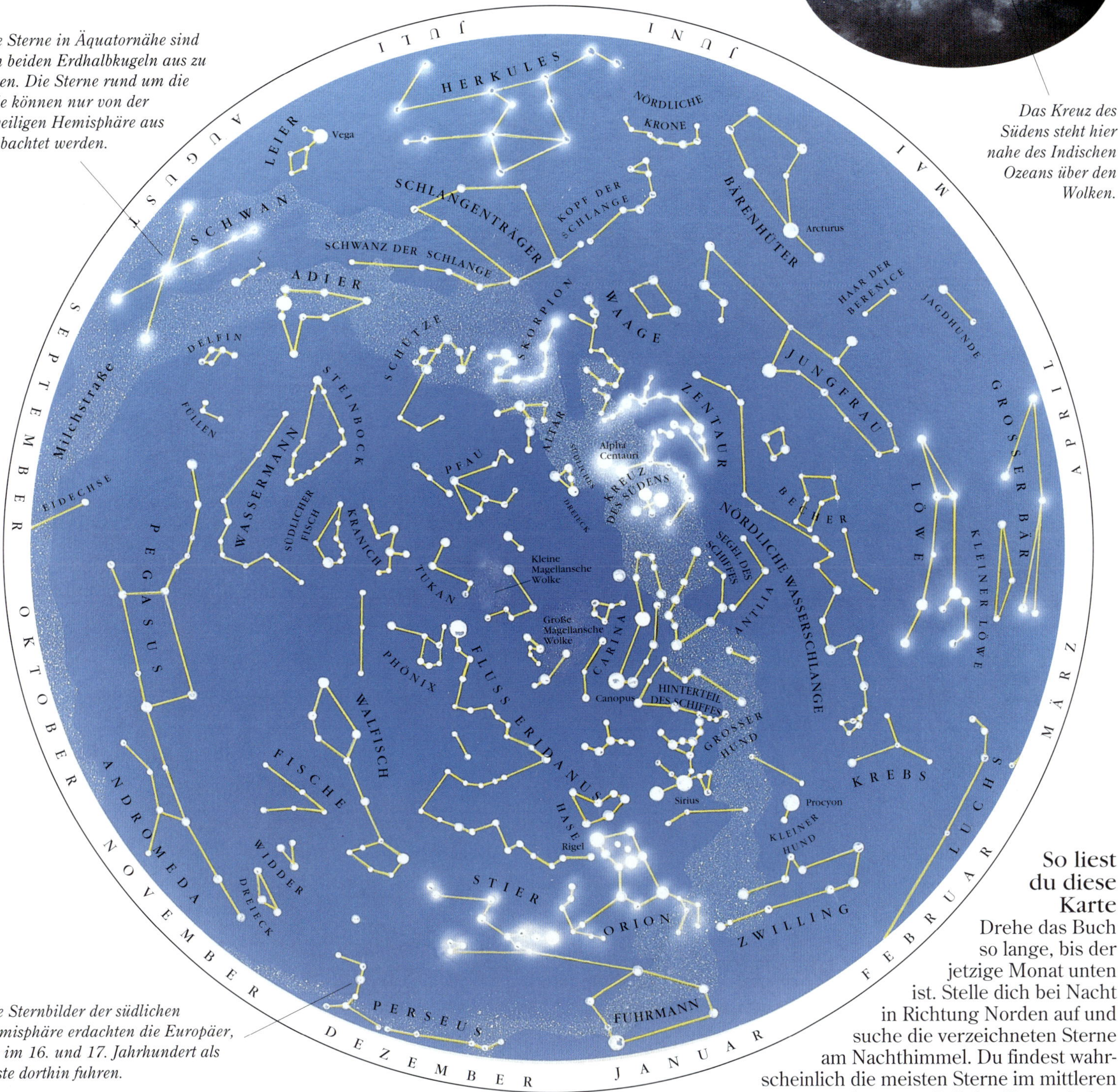

Die Sternbilder der südlichen Hemisphäre erdachten die Europäer, die im 16. und 17. Jahrhundert als Erste dorthin fuhren.

So liest du diese Karte

Drehe das Buch so lange, bis der jetzige Monat unten ist. Stelle dich bei Nacht in Richtung Norden auf und suche die verzeichneten Sterne am Nachthimmel. Du findest wahrscheinlich die meisten Sterne im mittleren und unteren Teil der Karte wieder.

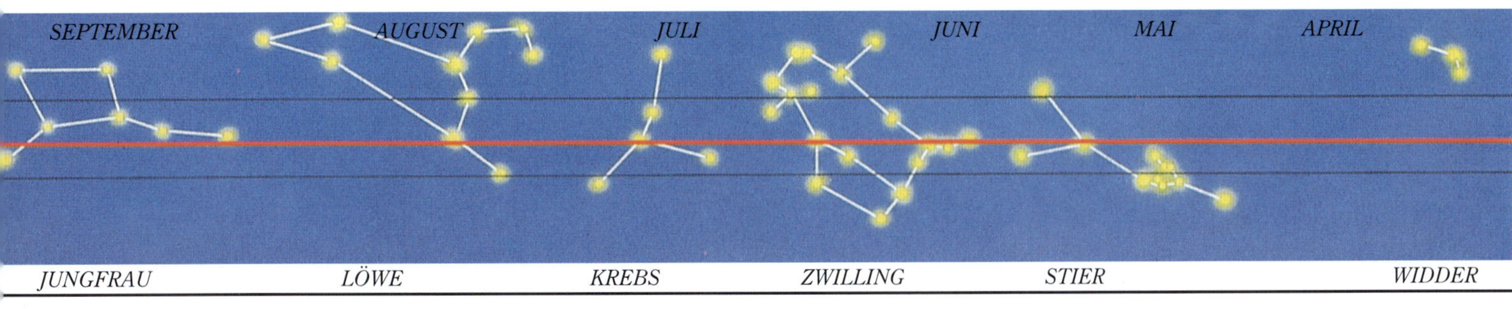

Sternenhell

Sterne sind verschieden hell: Manche sind so weit entfernt, dass sie viel schwächer leuchten als unsere Sonne, obwohl sie in Wirklichkeit viel heller sind. Andere, vergleichsweise schwache Sterne erscheinen uns sehr hell, weil sie nicht so weit entfernt sind. Die Astronomen haben daher Skalen für die absolute und die scheinbare Helligkeit von Sternen entwickelt.

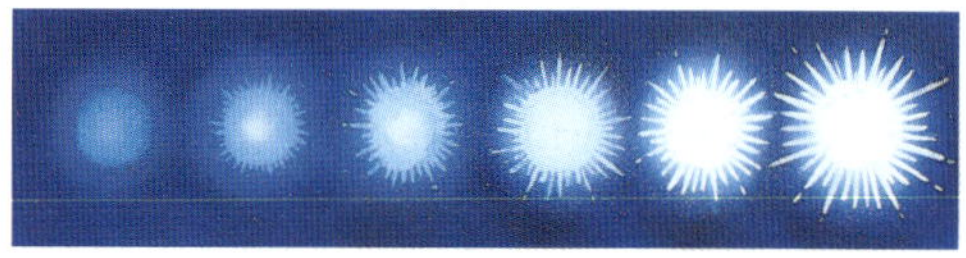

Sternenskala
Die scheinbare Helligkeit eines Sterns wird mit einer Zahl beschrieben. Die Skala oben zeigt die sechs Helligkeitsgrade von Sternen, die für das bloße Auge sichtbar sind. Je heller der Stern, desto kleiner ist die Zahl. Sirius, der hellste Stern, hat zum Beispiel eine Helligkeit von –1,46.

3-D-Modell eines Sternbilds

Jeder Stern eines Sternbildes scheint die gleiche Entfernung zur Erde zu haben, weil wir ihn am flachen Nachthimmel sehen. In Wirklichkeit können Millionen von Lichtjahren zwischen den einzelnen Sternen liegen. Du kannst das ausprobieren: Baue dir ein dreidimensionales Modell des Sternbilds Schwan.

Du brauchst:
- farbigen Bastelkarton
- Bleistift und Lineal
- große Perlen
- Holzstäbchen
- Filzstift
- Bastelmesser
- Bindfaden

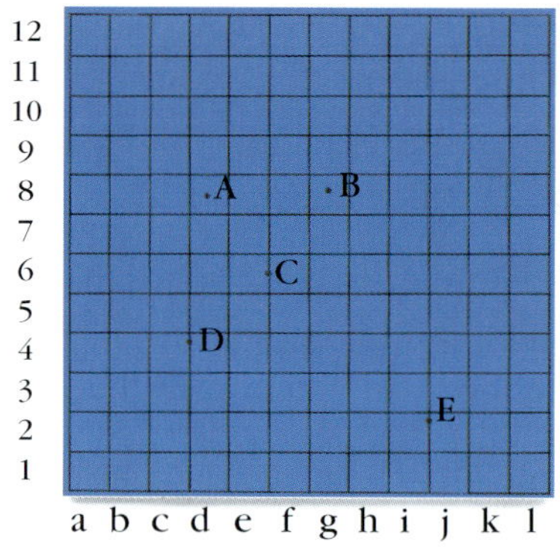

1 Zeichne auf einer Kartonunterlage (30 x 30 cm) ein Raster (12 x 2,5 cm) vor. Stich wie oben gezeigt fünf Löcher in die Unterlage.

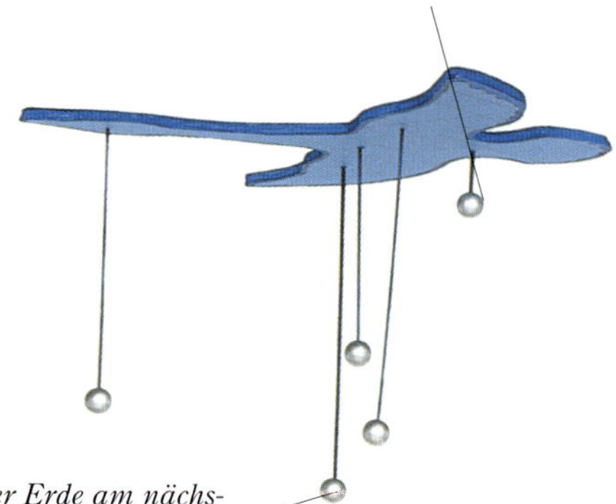

2 Als Halter für die Sterne schneidest du fünf Holzstäbchen mit einer Länge von 5, 11,5, 14, 15 und 18 cm ab. Klebe die Perlen darauf fest.

Pause die Vorlage ab.

3 Zeichne wie oben gezeigt um die fünf Punkte herum die Form eines Schwans vor und schneide sie aus.

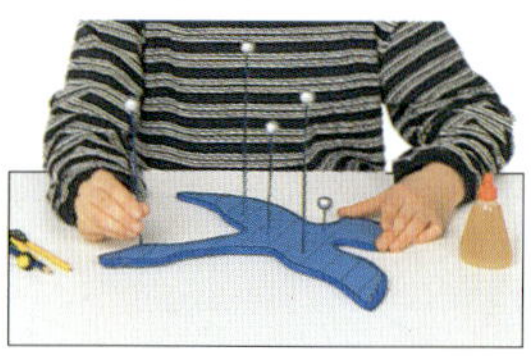

4 Stecke die Stäbchen in die Löcher:
A = 5 cm,
B = 14 cm,
C = 11,5 cm,
D = 18 cm,
E = 15 cm.

Wo liegt der Schwan?
Das Sternbild Schwan siehst du zwischen Juli und November. Auf der nördlichen Hemisphäre sieht man es hoch am Himmel stehen, auf der Südhalbkugel am nördlichen Horizont.

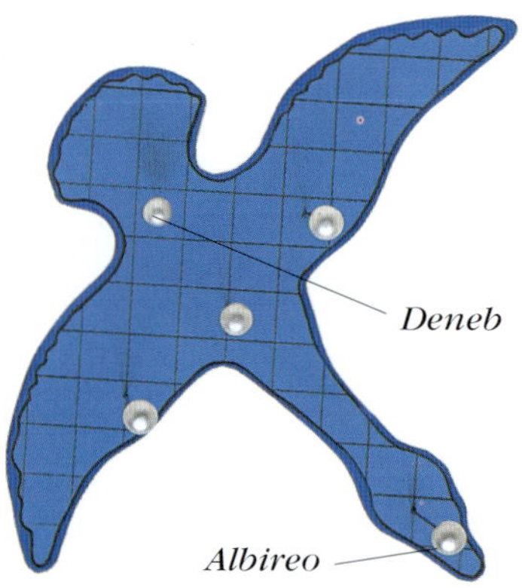

5 So sollte dein 3-D-Schwan aussehen. Die hellsten Sterne sind oben bezeichnet.

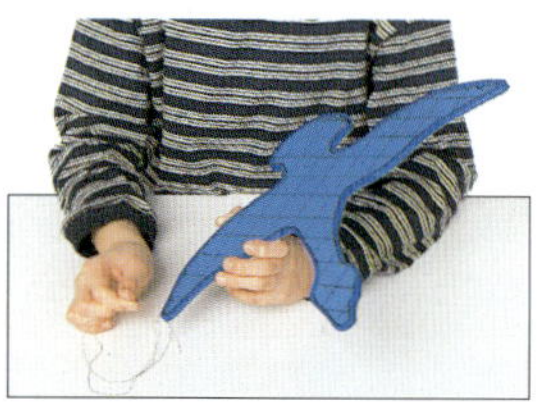

6 Hänge das Modell an der Decke auf, indem du an jedem Ende einen Faden befestigst. Die Fäden sollen gleich lang sein, damit das Modell waagrecht hängt.

7 An deinem Modell mit den verschieden langen Holzstäbchen siehst du, dass die Schwanenform nur erkennbar ist, wenn man sie von unten ansieht – das ist der Blick von der Erde aus. Aus anderen Blickwinkeln ergeben sich andere Formen. Das heißt, dass die Sternbilder, die wir von der Erde aus kennen, von anderen Stellen des Weltraums aus ganz anders aussehen.

Doppelsterne

Manche Lichtpunkte, die wir von der Erde aus sehen, sind in Wirklichkeit zwei Sterne, die einander umkreisen. Oft leuchtet einer der beiden Sterne eines solchen Doppelsystems schwächer. Bei ihrer Reise um den jeweils anderen Stern kann es vorkommen, dass der schwächere vor den helleren tritt, ihn teilweise verdeckt und damit seine Helligkeit dämpft. Mit dem Modell eines Doppelsystems kannst du das ausprobieren.

Du brauchst:

- schnittfeste Unterlage
- Bastelmesser
- Papier • Bleistift
- Klebeband
- Glühlampe und Fassung
- Batterie und Verbindungskabel
- durchsichtige Kunststoffkugel

1 Schneide aus Papier ein 15 x 20 cm großes Rechteck aus und wickle es um einen Bleistift. Klebe die entstandene Röhre so zu, dass du sie als Halterung für dein Modell verwenden kannst.

Bitte beim Ausschneiden mit dem Bastelmesser eine geübte Person um Hilfe.

2 Schneide aus Bastelkarton eine eiförmige Unterlage aus, die 8 cm lang und 6 cm breit ist. Bringe links ein Loch an und stecke die Papierröhre so hinein, dass sie stabil aufrecht steht.

3 Ziehe die Verbindungskabel für die Batterien durch die Röhre und verbinde sie mit der Lampenfassung auf der Unterlage. Schraube die Glühlampe hinein.

Male die Kunststoffkugel an. Das ist der schwächere Stern.

4 Befestige die Kunststoffkugel mit einem Holzstäbchen gegenüber der Glühlampe auf der eiförmigen Unterlage. Die Sternmittelpunkte sollen auf einer Höhe liegen.

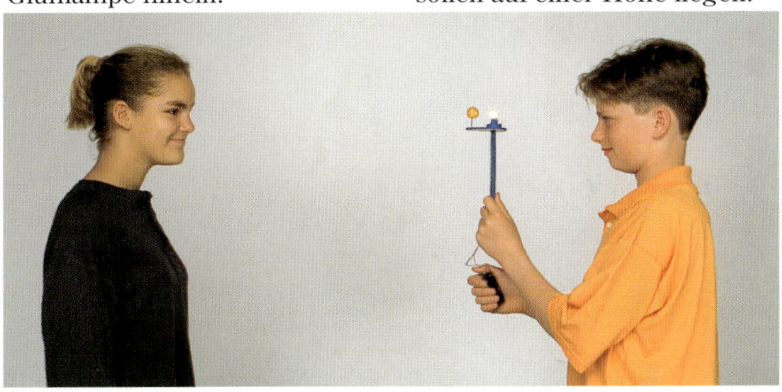

5 Verbinde die Kabel mit der Batterie, sodass die Glühlampe aufleuchtet. Drehe das Modell: Die Helligkeit des Doppelsystems verändert sich. Wenn dir eine Freundin dabei hilft, kannst du das auch aus der Entfernung beobachten; die Sterne stehen dann scheinbar näher beieinander.

6 Stehen die Sterne nebeneinander, leuchtet der helle Stern ungetrübt. Der schwache Stern leuchtet schwach.

7 Verdeckt der schwache den hellen Stern teilweise, nimmt die Gesamthelligkeit ab.

8 Steht der schwache vor dem hellen Stern, scheint der helle Stern nur noch geringfügig durch.

Die Farben der Sterne

Die Sterne haben unterschiedliche Farben, je nachdem, wie heiß sie sind. Die roten Sterne sind mit einer Oberflächentemperatur von 3 500 °C am kühlsten, die blauen mit 50 000 °C am heißesten. Unsere Sonne ist bei 6 000 °C ein mittelheißer gelber Stern. Im Sternhaufen Jewel Box im Sternbild Kreuz des Südens rund um den hellen Stern Kappa sind die verschiedenen Farben gut erkennbar.

Kometen und Meteore

Kometensuche
Halte in einer mondlosen Nacht Ausschau nach Kometen. Oft sind sie nur schwach und verschwommen zu sehen, werden aber heller, wenn sie der Sonne näher kommen.

Für einen Hobby-Astronomen ist es ein wahres Abenteuer, auf einen Kometen oder Meteor zu stoßen, weil sie oft völlig unerwartet und selten erscheinen. Die Umlaufbahn dieser »schmutzigen Schneebälle« liegt meist am äußeren Rand des Sonnensystems. Kommt der Komet dabei zu nah an die Sonne heran, beginnt er zu schmelzen. Er zieht einen Strahl aus glühenden Gasen hinter sich her, den wir als hellen Schweif sehen. Viele Meteore bestehen aus dem Staub von Kometen. Wenn diese Teilchen in die Erdatmosphäre eintreten, verglühen sie und bilden dabei einen Lichtstreif am Himmel. Man bezeichnet sie dann auch als Sternschnuppen.

Eiskaltes Herz
Der kalte Nukleus (Kern) eines Kometen hat nur einen Durchmesser von wenigen Kilometern. Sobald er sich erwärmt, gibt der Nukleus Gase frei, die ihn in eine gewaltige glühende Wolke, die so genannte Koma, einhüllen. Manche Kometen haben zwei Schweife: einen breiten, geschwungenen aus Staub und einen dünnen, geraden aus Gas.

Der Kometenschweif

Der Schweif eines Kometen zeigt immer in die der Sonne entgegengesetzte Richtung. Das liegt am Sonnenwind, einem Strom aus Materieteilchen, der von der Sonne aus in alle Richtungen weht. Der Sonnenwind treibt das zu Gas verdampfte Eis aus dem Nukleus des Kometen fort. Wenn sich der Komet von der Sonne entfernt, sieht es daher immer so aus, als bewege er sich rückwärts.

Du brauchst:
- Trinkhalm aus Kunststoff
- Tischtennisball • Buntpapier
- Schere • doppelseitiges Klebeband
- Kartonunterlage • Haartrockner

1 Schneide einen Kunststofftrinkhalm auf 20 cm Länge ab. Er dient als Halterung für den Kometen.

2 Schneide eine Kartonunterlage 15 x 15 cm zu. Beklebe sie mit Buntpapier.

Die Halterung steht fest auf der Mitte der Unterlage.

3 Bohre ein Loch in die Unterlage, in das du den Halm stecken kannst. Klebe den Trinkhalm fest.

Die Streifen hängen alle in die gleiche Richtung herab.

4 Schneide 12 bis 15 Streifen aus farbigem Seidenpapier aus. Sie sind 15 cm lang und 1 cm breit. Klebe sie mit doppelseitigem Klebeband rund um den Tischtennisball fest.

5 Befestige den Tischtennisball mit Knetmasse auf dem Halm. Die Papierstreifen sollen frei nach unten hängen.

KOMETENVORHERSAGE
Manche Kometen umkreisen die Sonne nur einmal und kehren nie wieder. Andere kommen in regelmäßigen Abständen, zum Beispiel der Halleysche Komet alle 76 Jahre.

Meteore ...

Du brauchst:
- Strohhalme
- Knetmasse
- flachen Teller

Zu bestimmten Zeiten im Jahr trifft die Erde auf Staubwolken, die von alten Kometen stammen. Dann streift ein Meteorenschauer unseren Himmel. Die Meteore scheinen auseinander zu streben, in Wirklichkeit aber verlaufen ihre Bahnen parallel. Mit dem folgenden Versuch lässt sich zeigen, warum es so aussieht, als entfernten sich die Meteore voneinander.

Die Strohhalme sind die Meteorstreifen.

1 Stecke 12 bis 24 Strohhalme in Knetmasse, die du auf einem Teller ausgebreitet hast. Sie stehen parallel zueinander. Sieh von oben auf die Halme.

2 Obwohl die Strohhalme parallel stehen, scheinen sie sich von unten nach oben hin weg zu neigen. So sieht ein Meteorenschauer für uns aus.

... und Meteoriten

Wenn du den Himmel in einer dunklen, klaren Nacht beobachtest, wirst du über kurz oder lang einen Meteor zu Gesicht bekommen. Die Helligkeit von Meteoren reicht von einem schwachen Glimmer bis hin zu einem Feuerball, der wie ein UFO aussieht und den Himmel erleuchtet wie der Mond.

Meteorschauer

Jedes Jahr um die gleiche Zeit gehen Meteorschauer nieder. Sie werden nach dem Sternbild benannt, in dem sie erscheinen, zum Beispiel die Orioniden, die jeden Oktober im Sternbild Orion zu sehen sind.

In diesem Meteoriten aus Eisen und Stein umschließt der Metallmantel das Gesteinsmaterial.

Meteoriten

Einen Meteor, der so groß ist, dass er die Atmosphäre durchdringt und auf der Erdoberfläche einschlägt, bezeichnet man als Meteorit.

Sternschnuppen

Meteore leuchten, weil sie viele Kilometer pro Sekunde zurücklegen. Die Reibung der Luft, die bei einer solchen Geschwindigkeit entsteht, lässt sie verbrennen, sodass ein Lichtstrahl entsteht. Ein Teilchen, das nur so groß ist wie ein Sandkorn, kann zu einem Meteor werden.

6 Richte einen Haartrockner auf den Kometen und beobachte, was geschieht! Die Streifen, die den Schweif des Kometen darstellen, werden waagrecht nach hinten geweht. Der Luftstrom des Haartrockners hat die gleiche Wirkung wie der Sonnenwind.

Schwerkraft
Die Schwerkraft sorgt dafür, dass Sterne, Gas- und Staubwolken in Form von Galaxien umherwirbeln.

Galaxien

Die vielen tausend Sterne am Nachthimmel sind nur ein kleiner Teil der Milliarden von Sternen, die unsere »Sternenstadt«, die Galaxie, bevölkern. Eine Galaxie ist eine große Ansammlung von Sternen, die von ihrer Schwerkraft zusammengehalten werden. Unsere Galaxie heißt Milchstraße, weil sich ihr galaktisches Zentrum von der Erde aus wie ein milchiges Lichtband über den Himmel zieht. Im Weltraum gibt es vielleicht Billionen von Galaxien; einige von ihnen kannst du mit dem Fernglas als schwache, verschwommene Lichtflecken erkennen. Sie sind unvorstellbar weit von der Erde entfernt. Die Andromedagalaxie zum Beispiel, die mit dem bloßen Auge im Sternbild Andromeda zu sehen ist, ist mehr als zehn Millionen Lichtjahre weit weg.

Halte in einer mondlosen Nacht außerhalb der Stadt Ausschau nach der Milchstraße!

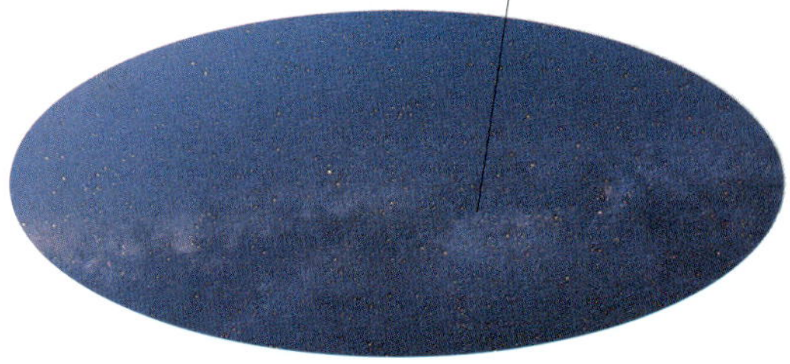

Die Milchstraße
Die Milchstraße ist in der Nähe ihres Zentrums, das im Sternbild Schütze liegt, am hellsten. Andernorts, zum Beispiel am Kohlensack nahe dem Kreuz des Südens, verdunkeln Staubwolken das Licht aus dem galaktischen Zentrum.

Modell einer Galaxie

Die Milchstraße ist eine Spiralgalaxie. Vom Weltall aus sieht eine Spiralgalaxie aus wie ein Windrädchen. Im verdichteten Mittelpunkt dieser Scheibe, dem galaktischen Zentrum, befinden sich kühlere, rote Sterne; die blauen, heißeren Sterne wirbeln in den gewaltigen Spiralarmen. Dort befinden sich auch Staub und Gas, aus dem neue Sterne entstehen. Anhand des Modells einer Spiralgalaxie kannst du das nachvollziehen.

Du brauchst:

- roten und blauen Bastelkarton
- schwarzen Bastelkarton
- Lineal • Zirkel
- Schere • Holzstäbchen
- Klebstoff

1 Zeichne die etwa 12 cm große Spiralform mit mehreren Armen auf blauen und eine ähnliche, etwas kleinere auf roten Bastelkarton. Schneide beide aus.

3 Klebe erst die blaue, dann die rote Spiralform auf die schwarze Scheibe.

Verwende einen wasserlöslichen Klebstoff.

5 Drehe die Scheibe wie einen Kreisel auf dem Tisch.

Wenn sich die Scheibe dreht, verschwimmen die Farben.

Sterngruppen

Sterne bilden häufig feste Gruppen, so genannte Sternhaufen, die von der Schwerkraft zusammengehalten werden. Das liegt häufig daran, dass die Sterne zur gleichen Zeit aus einer Gas- und Staubwolke entstanden.

Die hellen Sterne der Plejaden werden als die Sieben Schwestern bezeichnet.

Offene Sternhaufen
Offene Sternhaufen bestehen aus jungen, heißen Sternen, die noch immer von heißem Wasserstoff umgeben sind, aus dem sie auch entstanden. Sie entfernen sich langsam voneinander. Beispiele sind die Plejaden, die im Sternbild Stier zu sehen sind.

Kugelhaufen
In einem Kugelhaufen drängen sich hunderttausende von älteren, kühleren Sternen auf engstem Raum. Suche im Sternbild Zentaur nach dem Omega Centauri, dem hellsten Kugelhaufen der Galaxie.

Omega Centauri

Galaxieformen

Galaxien können unterschiedlich groß sein: Zwerggalaxien enthalten nur 100 000 Sterne, die riesenhafte M87 dagegen umfasst 3 000 Milliarden Sterne. Die meisten sind rotierende Scheiben mit Spiralarmen, andere haben die Form einer Ellipse oder einer Kugel.

Spiralgalaxien

Spiralgalaxien sind überall am Nachthimmel zu sehen. Bei einer Balkenspirale läuft vom Kern aus ein Spiralarm (Balken) geradewegs nach außen.

Unregelmäßige Galaxien

Unregelmäßige Galaxien haben keine bestimmte Form. Uns sind die Kleine und die Große Magellansche Wolke am nächsten.

---

2 Ziehe mit dem Zirkel auf schwarzem Bastelkarton einen 12 cm großen Kreis. Schneide ihn aus und bringe im Einstichpunkt in der Mitte ein kleines Löchlein an.

Wenn du ein Löchlein anbringst, kannst du später die Holzachse besser durch deine »Galaxie« schieben.

4 Schneide ein Holzstäbchen auf 10 cm Länge ab. Spitze das eine Ende mit dem Messer an und stich es durch den Mittelpunkt der Kartonscheibe.

Stecke das Holzstäbchen etwa 1 cm weit durch die Scheibe.

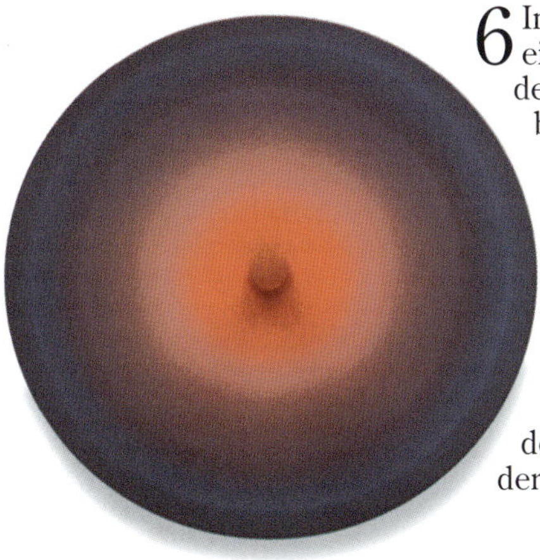

6 In der Mitte einer rotierenden Spiralgalaxie befinden sich die roten Sterne, die mehr Masse haben und älter sind. Die jüngeren, heißen blauen Sterne sind in den Spiralarmen der Galaxie.

Dieses Bild ist typisch, denn das Weltall sieht nach allen Richtungen gleich aus.

Ein Himmel voller Galaxien

Dieses Foto des Hubble-Raumteleskops zeigt hunderte von Galaxien, die sich in einem winzigen Teil des Weltalls tummeln. Anhand des Fotos lässt sich erahnen, wie viele Galaxien es insgesamt gibt.

Der Weltraum dehnt sich aus

Überall im Weltraum streben die Galaxien beständig auseinander. Zum Beginn der Zeit entstanden sie alle an einem einzigen Fleck, von dem sie sich jetzt entfernen.

Du brauchst:

- Luftballon
- silberne Aufkleber

1 Blase den Ballon etwas auf und beklebe ihn mit den silbernen Aufklebern.

2 Blase den Ballon weiter auf. Achte darauf, dass keine Luft entweicht.

3 Der Ballon wird immer größer. Die »Galaxien« entfernen sich voneinander, werden dabei aber nicht größer.

So geht's weiter

Wenn du dieses Buch durchgelesen und die Modelle und Versuche ausprobiert hast, kannst du natürlich mit der Astronomie weitermachen. Geh doch mal ins nächste Observatorium oder Planetarium. Dort wirst du mehr über die Sterne hören und sehen. Suche dir eine Gruppe von Hobby-Astronomen. Von ihnen kannst du eine Menge lernen. Mit etwas Übung wirst du bald mit größeren Fernrohren arbeiten und den Himmel nach immer weiter entfernten Objekten absuchen können. Wenn du später von Beruf Astronom werden willst, kannst du an der Universität Astronomie studieren.

Sternenbahnen
Dieses Foto zeigt Sternenbahnen als Lichtstreifen. Der Fotoapparat hat festgehalten, wie die Sterne um den Pol kreisen. Die Belichtungszeit betrug bei dieser Aufnahme rund 30 Minuten.

Astrofotografie

Astronomen bedienen sich bei der Beobachtung der Sterne häufig der Fotografie, weil dadurch Dinge sichtbar werden, die dem Auge selbst durch große Teleskope verborgen bleiben. Die Kamera muss Fotos mit langer Belichtungszeit machen, bei denen der Verschluss lange offen bleibt. Vollautomatische Fotoapparate sind batteriebetrieben und eignen sich nicht für lange Belichtungszeiten. Am besten ist eine einäugige Spiegelreflexkamera (35 mm). Stelle den Apparat auf einen Dreifuß und richte ihn auf die Sterne. Lass den Verschluss einige Minuten lang offen. Auf dem entwickelten Bild siehst du Lichtstreifen, die dir die Bewegung der Sterne am Nachthimmel zeigen.

Für Aufnahmen des Mondes oder von einer Mond- oder Sonnenfinsternis brauchst du solch ein Teleobjektiv.

Filmentwicklung
Wenn du den Film zum Entwickeln gibst, schreibe dazu, was auf den Bildern ist. Das Großlabor geht sonst womöglich davon aus, dass der schwarze Film mit den Lichtpunkten unbrauchbar ist.

Adressen für Hobby-Astronomen

Hier findest du eine Auswahl von Planetarien und Sternwarten. Eine vollständige Adressenliste findest du im Internet unter http://www.astronomie.org/gad (GAD=German Astronomical Directory)

Zeiss-Großplanetarium Berlin
Prenzlauer Allee 80
D-10405 Berlin

Planetarium Hamburg
Hindenburgstraße Ö1
D-22303 Hamburg

Planetarium Kassel
Museum für Astronomie und Technik-Geschichte
An der Karlsaue 20c
D-34121 Kassel

Planetarium AG
Am Tiergarten 6
D-60316 Frankfurt/Main

Planetarium im Deutschen Museum
Museumsinsel 1
D-80538 München

Planetarium Zürich
Haldenstraße 138
CH-8055 Zürich

Planetarium der Stadt Wien
Oswald-Thomas-Platz 1
A-1120 Wien

Worterklärungen

Achse
Eine gedachte Linie durch die Pole eines Körpers, um die er sich dreht.

Atmosphäre
Gasschicht, die einen Planeten einhüllt, oder äußerste Schicht eines Sterns.

Finsternis
Ein Phänomen, das entsteht, wenn sich im Weltraum ein Körper vor einen anderen schiebt, sodass ein Schatten entsteht.

Galaxie
Ein Sternsystem, das durch Schwerkraft zusammengehalten wird.

Helligkeit
Die scheinbare Helligkeit eines Sterns, wie sie von der Erde aus gesehen wird, oder die absolute Helligkeit, wie sie aus einer Standardentfernung von 3,5 Millionen Lichtjahren gemessen wird.

Höhe
Die Entfernung zwischen einem Himmelskörper und dem Horizont, gemessen in Grad.

Lichtjahr
Die Entfernung, die das Licht in einem Jahr zurücklegt: 9,5 Billionen Kilometer.

Nebel
Wolke aus Gas und Staub.

Phasen
Von der Erde aus zu beobachtende Veränderungen in der Form eines Mondes oder Planeten, die durch die sich verändernde Sonneneinstrahlung hervorgerufen werden.

Planet
Ein Himmelskörper aus Gas oder Gestein, der einen Stern umkreist.

Stern
Eine leuchtende, sehr heiße Gaskugel, die durch Kernreaktionen ständig Energie erzeugt.

Sternbild
Eine Gruppe von Sternen, die von der Erde aus ein Muster bilden.

Umlaufbahn
Bahn eines Himmelskörpers, der einen anderen umkreist.

Weltraum
Alle Materie, die es gibt.

Register

A
Almagest 8
Andromeda-Galaxie 34
Arabische Astronomie 8
As-Sufi 8
Asteroiden 14
Astronomie
  Geschichte der 8–9
Ausrüstung 10, 13

B
Breitengrad 27

C
Cassinische Teilung 9

D
Deklinationskreise 25
Doppelsystem 31

E
Erde 15, 24–25

F
Fernglas 13
Fernrohre
  frühe 9, 12
  Hubble-Raumteleskop 9, 35
  Radioteleskope 9
  Technik 9, 12–13
Fotoapparate 37
Fotografie der Sterne 37

G
Galaxien 34–35
  Arten 35
  Spiral- 35–36
Galilei, Galileo 8, 12
Grosser Bär 26

H
Hemisphären 26, 28
Herschel, William 9
Himmelssphäre 25
Höhe 27, 36
Hubble-Raumteleskop 9, 35

J
Jupiter 14, 15, 16–17
Jahreszeiten 25

K
Kernreaktionen der Sonne 23
Kometen 32–33
Kompass 10, 11
Kopernikus, Nikolaus 8
Korona 22
Krater des Mondes 18, 21
Kreuz des Südens 27, 29
Kugelhaufen 34

L
Längengrad 27
Lichtverschmutzung 10
Linsen 12
Luna 9 (Sonde) 11

M
Maria 18
Mars 15, 17
Meere siehe Maria
Merkur 15, 16
Meteore 33
Meteoriten 21, 32, 33
Meteorenschauer 33
Milchstraße 28, 34
Mond 18–19, 20–21
  -berge 18
  -gestein 21
  -oberfläche 21
  -phasen 19
Monde siehe Satelliten, natürliche Mondfinsternis 22

N
Neptun 15, 16
Nördliche Hemisphäre 26
Notizbuch 11
Nukleus eines Kometen 32

O
Omega Centauri 34
Orion 26, 27
Orionnebel 28

P
Planetarium 14
Planeten 14–15, 16–17
Plejaden 34
Pluto 15, 16
Polarstern 26, 27
Ptolemäus 8

Q
Quadrant 27

R
Raumsonden 9

S
Satelliten, natürliche 14
Saturn 9, 15, 16
Schwan 30
Schwerkraft 24, 34
Sirius 29
Sonden 9
Sonne 15, 20, 22–23
Sonneneruptionen 23
Sonnenfinsternis 20–21
Sonnenflecken 23
Sonnensystem 14
Spiegelreflexkamera 36
Sternbilder 26, 29, 30
Sterne
  Doppelsysteme 31
  Farben 31
  Helligkeit 30–31
  Kugelhaufen 34
  Unterschied
    zu Planeten 11
Sternenbahnen 36
Sternhaufen 34
Sternkarten 26, 29
Sternschnuppen siehe
  Meteoriten
Stundenkreise 25
Südliche Hemisphäre 28

T
Taschenlampe 10
Terminator 18
Tierkreiszeichen 28

U
Universum siehe Weltall
Uranus 15, 16

V
Venus 15, 16
  Phasen der 16

W
Weltall 35

Bildnachweis

Dorling Kindersley dankt den folgenden Personen für ihre Hilfe bei der Herstellung dieses Buches:

Den jungen Hobby-Astronomen Mattie Crowley, Carlene Davis, James Hall, Annabelle Halls, Olivia King, Anthony McNally, Tom Ross, Melissa Simmonds und Lewis Wong. Besonderer Dank gilt Rebecca Johns und Fiona Robertson. Der Verlag dankt den folgenden Bildagenturen und Fotografen für die Erlaubnis, ihre Fotos zu reproduzieren:

l = links, r = rechts, o = oben, m = Mitte, u = unten
Bridgeman Art Library: Private Collection Albrecht Dürer (1471–1528) 8 mr; **Carnegie Institution of Washington:** 23 ur; Galaxy Picture Library: Stan Armstrong 22 ol, Gordon Garradd 5 m, 30 ur, Y Hirose 36 or, NASA 16 ul, Robin Scagell 9 om, 10 ml, 18 m, 20 ol, 29 or, 33 or, STScI 28 ulo, 35 or, Michael Stecker 34 mlu, Paul Sutherland 32 ol; **Images Colour Library:** 21 or; **NASA:** 9 or, ur, 14 ml, ul, 17 or, 18 ul, 21 ol, or, om, 23 or, 24 or, 34 ol, um; **National Maritime Museum, London:** 8 ur, 9 ol; **Natural History Museum, London:** 33 mro; **Science Photo Library:** NASA 16 om, omr, or; **Telegraph Colour Library:** 18 or.

Planeten: Fakten

Merkur

Durchmesser	4 878 km
Durchschnittsentfernung zur Sonne	57,9 Millionen km
Umlaufzeit (Jahr)	88 Erdtage

Venus

Durchmesser	12 102 km
Durchschnittsentfernung zur Sonne	108,2 Millionen km
Umlaufzeit (Jahr)	224,7 Erdtage

Erde

Durchmesser	12 756 km
Durchschnittsentfernung zur Sonne	149,6 Millionen km
Umlaufzeit (Jahr)	365,25 Tage

Mars

Durchmesser	6 786 km
Durchschnittsentfernung zur Sonne	227,9 Millionen km
Umlaufzeit (Jahr)	687 Erdtage

Jupiter

Durchmesser	142 984 km
Durchschnittsentfernung zur Sonne	778,3 Millionen km
Umlaufzeit (Jahr)	11,86 Erdjahre

Saturn

Durchmesser	120 536 km
Durchschnittsentfernung zur Sonne	1427 Millionen km
Umlaufzeit (Jahr)	29,46 Erdjahre

Uranus

Durchmesser	31 770 km
Durchschnittsentfernung zur Sonne	2 871 Millionen km
Umlaufzeit (Jahr)	84 Erdjahre

Neptun

Durchmesser	49 528 km
Durchschnittsentfernung zur Sonne	4 498 Millionen km
Umlaufzeit (Jahr)	164,8 Erdjahre

Pluto

Durchmesser	2 300 km
Durchschnittsentfernung zur Sonne	5 913,5 Millionen km
Umlaufzeit (Jahr)	248,5 Erdjahre

Beobachtung der Planeten

Die Planeten, die du mit bloßem Auge erkennen kannst, sehen zunächst aus wie Sterne. Innerhalb weniger Wochen wirst du aber feststellen, dass sie vor dem Hintergrund der Sterne wandern.

Merkur
Ist der Sonne so nah, dass man ihn besser nicht beobachten sollte. Am besten zu sehen zweimal im Jahr morgens und abends, wenn er im Osten bzw. Westen am weitesten von der Sonne entfernt steht.

Venus
Der hellste Planet. Wird häufig für ein UFO gehalten. Am besten morgens und abends zu erkennen.

Mars
Erkennbar an seiner rötlichen Färbung.

Jupiter
Der zweithellste Planet. Umkreist die Sonne sehr langsam und ist daher monatelang die ganze Nacht zu sehen. Halte nach seinen vier größten Monden Ausschau!

Saturn
Braucht für eine Umrundung der Sonne über 29 Jahre und ist daher lange Zeit zu sehen oder auch nicht. Die Ringe kann man nur durch ein gutes Teleskop erkennen. Suche seinen größten Satelliten, Titan!

Uranus
Nur als schwacher Lichtpunkt zu sehen. Nicht gut mit dem Fernrohr zu beobachten. Oberflächendetails nur mit großen Teleskopen zu erkennen.

Neptun
Selbst mit den größten Teleskopen sind keine Einzelheiten seiner Oberfläche zu erkennen.

Pluto
Für Hobby-Astronomen zu weit entfernt.

Sonnen- und Mondfinsternisse

Totale Mondfinsternis	Ort
Januar 2000	Nord-, Mittel- und Südamerika, Südwesteuropa, Westafrika
Juli 2000	Australien, Südostasien
9. Januar 2001	Afrika, Asien, Europa
Mai 2003	Süd- und Mittelamerika
9. November 2003	Nord-, Mittel- und Südamerika

Totale Sonnenfinsternis	Ort
21. Juni 2001	Südatlantik, Südafrika
4. Dezember 2002	Südafrika, Südpazifik, Australien
23. November 2003	Südpazifik, Antarktis